rer en MATIÈRE

Les mathématiques, dans l'ensemble

Dans la même collection :

Jean-Baptiste Scherrer, *Petit cahier de philosophie*, 1999.

Jean-Baptiste Scherrer, *Petit cahier de philosophie 2, Carnet d'expériences*, 2000.

Couverture : Max Ernst, *Euclide, New York*, 1945, Menil Foundation, Houston. Photo Lauros-Giraudon © ADAGP, 2000.

Yasmina Liassine

Les mathématiques, dans l'ensemble

Gallimard Education

« L'étude des mathématiques est une occupation inutile peut-être, mais du moins parfaitement bénigne et innocente. »

GODFREY HAROLD HARDY

Les mathématiques se comprenant d'autant mieux qu'on les pratique, l'Espace du lecteur est destiné à accueillir vos calculs, remarques, schémas, gribouillis…

J'avais dix ans...

J'avais dix ans, et j'étais en sixième. Nous travaillions alors en mathématiques sur les relations entre les ensembles : flèches, ensembles de départ et d'arrivée... Après quelques séances de travail, l'enseignante nous demanda : « Eh bien, maintenant, pouvez-vous me dire ce qu'est une relation ? » Elle voulait bien sûr parler d'une relation entre ensembles, un de ces objets mathématiques que nous étions en train d'étudier. J'ai répondu : « C'est un lien. » Alors, elle a pris le foulard qu'elle portait au cou, et elle a dit en souriant : « Ça aussi, c'est un lien, mais ce n'est pas une relation. » Puis, tranquillement : « Une relation, c'est la donnée d'un ensemble de départ, d'un ensemble d'arrivée, et d'un graphe. »

Je n'ai jamais oublié cette scène. Je me souviens des sentiments mêlés que j'éprouvai. Substituer ces termes techniques et peu imagés au mot « relation » me semblait une frustration et une complication inutile, mais il y avait pourtant une sorte de soulagement devant cette façon de nommer si précise, si rassurante. Le monde des mathématiques, pour l'enfant que j'étais, est devenu ce jour-là autre chose qu'un espace de jeux amusant (et scolairement valorisé, de surcroît...) : un lieu où les mots avaient un sens précis, clair, univoque, un terrain sûr sur lequel quelque chose pouvait se construire en dehors de la constante ambivalence du langage commun, de sa charge affective, de ses ambiguïtés.

Ce n'est que bien longtemps après que je me formulai ce paradoxe : il y a bien dans les mathématiques du solide, du vrai et du faux, mais à propos de quoi ? Car la plus grande étrangeté des mathématiques est qu'elles étudient des objets qui, c'est le moins qu'on puisse dire, ont un statut bien singulier. Ainsi de ces fameux triangles dont il faut démontrer qu'ils sont rectangles alors que, disent si justement les enfants : « Mais ça se voit, madame ! » Dès lors qu'il ne s'agit pas seulement de voir en mathématiques, c'est que ce triangle, sous mes yeux, ne se suffit pas à lui-même, qu'au-delà de son image existe l'idée du triangle, et que c'est cela le véritable objet des mathématiques.

« Dans la mesure, me disais-je, où le langage rend compte de tout et où tout ce qui, en principe, lui échappe (coutumes, rêves, cuisine, vêtements, etc.) peut être aussi annexé à son empire, c'est toujours, au bout du compte, le sens qui triomphe.

Bien plus, tout ce qui, dans les œuvres des hommes, nous a d'abord paru barbare ou incohérent, bègue ou muet, obscur, incompréhensible, révoltant, voire tout à fait invisible ou tout à fait absent et comme entaché du crime de Non-sens, finit par se ranger sur les étagères de la Signification. »

JEAN TARDIEU

Et encore, un triangle, on peut s'en faire une idée, mais que dire d'un espace vectoriel de dimension 12?

S'interroger sur l'essence des mathématiques, c'est donc très vite réfléchir à la nature des objets étudiés. Question qui ne se pose guère que dans cette matière avec tant d'acuité : toutes les disciplines scientifiques enseignées s'ancrent dans un projet de description du réel. Les mathématiques impliquent certes une rigueur, une méthode, mais aussi et surtout l'étude d'un monde hors du réel, qui fonctionne selon ses propres règles. On peut trouver ce monde creux et sans intérêt. On peut aussi le trouver étonnant, exotique, joyeux... Et c'est bien parce que ce monde est pour une bonne part si éloigné de notre expérience, si radicalement autre, qu'il demande pour être assimilé des notations si précises, un langage si corseté que l'étude en est parfois décourageante. Que ce monde ait tant d'applications et semble si souvent donner des réponses à des problèmes physiques, voilà un autre sujet d'étonnement.

Le but de cet ouvrage est de séduire spécialement ceux pour qui les mathématiques ont représenté, jusqu'à la nausée, une somme d'interdits et de règles absurdes. En effet, il y a autre chose que cela dans la pensée mathématique, science inventive, créatrice, matière à penser, matière à rêver...

Jan Frans Van Dael, *Nature morte de pêches et de raisins sur marbre.*

Des **nombres** en général et des **irrationnels** en particulier

« Je peux faire deux choses en même temps, pourvu que l'une des deux soit compter : non seulement marcher, ou nager, mais même lire, ou soutenir une conversation. Je compte toutes sortes d'objets : les fruits que je cueille, les poissons que je pêche [...], les livres dans une bibliothèque quand je suis en visite. Compter peut être un dispositif de protection : contre l'ennui, contre l'angoisse, contre l'attente.

Le souvenir du nombre est un de mes plus anciens ; je me vois comptant des mouches, couché, sans doute malade. C'est un souvenir qui me paraît possible, dans la mesure précisément où l'action de comptage est pour moi physique (il me semble, au contraire, qu'on ne peut pas se souvenir d'avoir pensé), quoi qu'il en soit, je sais que j'ai toujours compté. »

JACQUES ROUBAUD

« Nous « rencontrons » des cailloux et des arbres. Mais *trois* cailloux, *deux* arbres ? Jamais. Pour les voir, il y faut déjà quelque opération. »

JEAN-TOUSSAINT DESANTI

Jan Frans Van Dael, *Nature morte de pêches et de raisins sur marbre* (détail).

Première approche

Notre premier rapport avec les mathématiques passe par les nombres, et d'abord les nombres entiers, appelés par les mathématiciens entiers « naturels », tant il semble naturel de les envisager. Une autre idée accessible du nombre est celle de fraction, liée d'abord à la notion de partage.

Qu'il faille d'autres nombres encore pour résoudre des problèmes, voilà une idée qui a mis bien du temps à s'imposer et qui d'ailleurs semble très artificielle à beaucoup. Tellement artificielle que l'irruption de $\sqrt{2}$, $\sqrt{3}$ et autres chimères au cours de l'apprentissage provoque souvent une grande gêne. D'où des tentatives désespérées pour supprimer ces formes. Vite, une calculatrice, pour se débarrasser de l'intrus, et transformer $\sqrt{2}$ en 1,414..., revenir à la forme décimale, bien plus rassurante. Mais hélas inexacte... Or cette difficulté dans laquelle certains se trouvent aujourd'hui face à ces nouveaux nombres fut celle de l'humanité quand elle découvrit leur existence, au Ve siècle avant Jésus-Christ, dans la Grèce antique.

L'histoire de la découverte de ces autres nombres, que l'on nomme nombres irrationnels, fera l'objet de notre premier parcours, parce qu'elle nous met d'emblée au cœur de la complexité mathématique, et aussi parce qu'elle nous plonge dans cette Grèce antique, berceau des mathématiques telles que nous les connaissons.

Nous y rencontrerons Pythagore, Euclide, les philosophes ; il sera question de démocratie et même... d'un meurtre par noyade !

« Lorsque je dis un théorème, je puis m'assurer indéfiniment que le message émis est reçu et assumé de part en part. La vérité scientifique est identiquement la possibilité toujours offerte d'un contrôle en retour. L'ensemble de ces contrôles fonde la rationalité scientifique. Et c'est pourquoi Platon et non un autre l'a réellement fondée, par une philosophie où dialoguent des rôles et des contre-rôles.

Toute rupture de dialogue, tout écart sur le contrôle ruinent la rationalité. Cette rupture se nomme le secret. Dès qu'il y a secret, il n'y a plus de science. Des savoirs efficaces, peut-être, mais non plus la rationalité fondatrice. »

MICHEL SERRES

« Les mathématiciens grecs sont les premiers qui sont encore pour nous aujourd'hui de « vrais » mathématiciens. Les mathématiques orientales sont une bien intéressante curiosité, mais les mathématiques grecques sont tout autre chose. Les Grecs ont parlé les premiers un langage que peuvent comprendre les mathématiciens actuels ; [...] ce ne sont pas de bons élèves ou des « candidats boursiers » mais des « collègues d'une autre université ». »

GODFREY HAROLD HARDY

Les mathématiques, filles de la démocratie

Si l'on reconnaît communément les Grecs anciens comme les premiers mathématiciens qui nous ressemblent, ce n'est pas uniquement à cause de l'importance des résultats qu'ils nous ont laissés. Après tout, les civilisations chinoise ou babylonienne avaient aussi développé des résultats tout à fait valides et parfois similaires. Mais dans ces civilisations, les mathématiques avaient essentiellement pour objet de résoudre des problèmes pratiques, de recenser des méthodes de calcul ou de fournir une matière aux astrologues. Les connaissances mathématiques et leur compréhension étaient l'apanage d'un petit nombre d'individus, souvent proches du pouvoir politique et religieux. Les Grecs rompent radicalement avec ces conceptions.

Tout d'abord, ils s'interrogent sur la nature des objets mathématiques et considèrent qu'ils se distinguent du monde sensible. Par conséquent, pour comprendre les vérités mathématiques, il ne faut pas avoir recours aux impressions de nos sens, mais, puisque ces objets sont dans le domaine des idées, il convient d'établir leurs propriétés grâce au raisonnement, à la déduction, à l'hypothèse.

Les Grecs sont donc les premiers à faire de la démonstration le cœur des mathématiques. Car il ne suffit pas de constater que l'aire d'un carré construit sur la diagonale d'un autre carré est double. L'enjeu consiste à persuader l'autre, non par le constat ou le dessin, mais par un dialogue raisonné entre celui qui sait et celui qui ne sait pas encore, et qu'on amènera progressivement à se convaincre lui-même. Ici, pas de contrainte, mais un cheminement conjoint, public, entre hommes supposés avoir la même intelligence des vérités mathématiques. Sans doute fallait-il la cité grecque et la démocratie pour que les mathématiques naissent : discussions, argumentations, réfutations... C'est ce qui rend contemporains les dialogues de Platon comme les démonstrations d'Euclide. Idéalement, les mathématiques devraient être cela : l'apprentissage lent, parfois difficile, d'un cheminement vers la vérité que nul ne doit imposer mais dont on doit se persuader.

« Toutes choses sont des nombres. »

PYTHAGORE

« Car, vois-tu, les opinions vraies, aussi longtemps qu'elles demeurent en place, sont une belle chose et tous les ouvrages qu'elles produisent sont bons. Mais ces opinions ne consentent pas à rester longtemps en place, plutôt cherchent-elles à s'enfuir de l'âme humaine ; elles ne valent donc pas grand-chose, tant qu'on ne les a pas reliées par un raisonnement qui en donne l'explication. »

PLATON

Les Grecs et l'analogie

Pour les Grecs anciens, seuls les nombres entiers méritaient véritablement le nom de « nombre ». Dans cet univers des nombres entiers, ils développent une vaste théorie des proportions, qui repose sur l'idée de la comparaison des nombres entre eux.

Comparer deux nombres revient essentiellement pour eux à considérer leur rapport, c'est-à-dire, dans notre langage moderne, leur quotient. Les fractions sont donc pour eux un outil de calcul courant. Leur conception de l'univers des nombres repose d'abord sur l'idée que toutes les grandeurs sont commensurables entre elles, c'est-à-dire que l'on peut toujours les mesurer avec une unité commune, en utilisant des nombres entiers.

Ainsi des deux segments ci-dessous :

Certes ils sont de longueurs différentes. Mais en les partageant judicieusement, on se rend compte que l'un vaut 19 fois une certaine longueur l, et l'autre 8 fois cette même longueur l.

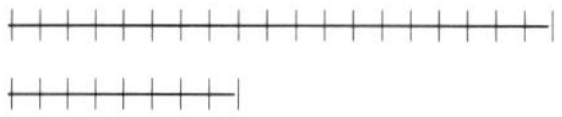

Le monde des nombres, comme celui des citoyens de la cité grecque, est ainsi bâti sur un rapport d'analogie : à partir de deux nombres, même très différents *a priori*, on peut trouver quelque chose de commun, établir un lien. Et comme les grandeurs de l'espace sont toutes reliées à une valeur numérique, cette harmonie s'étend à toutes les figures géométriques. Toutes les grandeurs sont donc pensées comme comparables entre elles, et de façon simple.

Cette conception, due en partie à Pythagore et à son école, au Ve siècle avant Jésus-Christ, trouve de nombreuses résonances dans l'architecture, la musique...

C'est dans ce contexte serein qu'éclate la première grande crise de l'histoire des mathématiques, la crise des irrationnels.

Et elle commence à partir d'une question très simple. Considérons un carré de côté 1 (peu importe l'unité dans laquelle nous travaillons) et appelons d sa diagonale. Il est assez naturel de penser qu'entre la diagonale d et le côté du carré un lien simple existe et que ces grandeurs sont donc commensurables...

La diagonale du carré, crayon en main

Il existe chez les Grecs de nombreuses démonstrations du fait que la diagonale d d'un carré de côté 1 est une quantité qui, élevée au carré, vaut 2.

L'une utilise le théorème de Pythagore, une autre est exposée en détail par Platon dans le *Ménon*.

C'est de là que l'on peut partir pour tenter de trouver la valeur de cette diagonale et n'oublions pas que les Grecs de l'époque ne pouvaient envisager qu'une seule chose : cette grandeur d est commensurable avec le côté du carré, c'est-à-dire 1. Ils se mettent donc dans l'hypothèse qu'il existe un nombre entier u tel qu'on ait :

$$d = u \times p \text{ et } 1 = u \times q, \text{ p et q étant deux nombres entiers.}$$

Dans notre langage actuel, cela revient à dire que l'on cherche deux entiers p et q tels que $\frac{d}{1} = \frac{up}{uq}$. On a alors, en simplifiant la fraction, $\frac{p}{q} = d$

On suppose également que cette fraction $\frac{p}{q}$ est irréductible, c'est-à-dire qu'elle n'est pas simplifiable (on peut toujours faire une telle supposition : si la fraction était simplifiable, il suffirait de la simplifier jusqu'à arriver à une fraction irréductible).

Comme $d^2 = 2$, il faut que $(\frac{p}{q})^2 = \frac{p^2}{q^2} = 2$

D'où $p^2 = 2\,q^2$

Donc p^2 est un nombre pair et par conséquent p aussi : car seuls les nombres pairs ont un carré pair.

Cela implique que **q est un nombre impair** car nous avons supposé la fraction p/q irréductible.

Puisque p est pair, il existe un nombre r tel que $p = 2 \times r$.

Mais alors $p^2 = (2 \times r)^2 = 4 \times r^2$. Et on a donc : $2q^2 = 4 \times r^2$. Ce qui donne, en simplifiant par 2 : $q^2 = 2 \times r^2$, q^2 est donc un nombre pair et par conséquent q également. Or nous avons précédemment prouvé que q était impair; **q se trouve donc être à la fois pair et impair**. Absurde!

Pour les Grecs, une seule conclusion est alors possible : c'est leur hypothèse de départ qui est fausse. La diagonale du carré n'est pas commensurable avec le côté de ce carré!

Leur système mathématique ne leur permet pas de nommer ce que pourtant ils voient.

Le langage rend compte de cette perplexité : les Grecs nomment les grandeurs telles que la longueur de la diagonale du carré de côté 1 *alogos*, c'est-à-dire, littéralement, « ce qui ne peut se nommer ». Et pourtant, nul ne peut nier l'existence de ces grandeurs. Entre l'impossibilité de les nommer et l'obligation de « faire avec », voilà une situation bien inconfortable !

De plus, l'existence de grandeurs incommensurables suscite d'autres questions : « Peut-on diviser à l'infini un segment ? » « Combien y a-t-il de points dans un segment ? » Autant de questions qui posent le problème de la nature de l'espace géométrique, de l'infini... Or, l'infini, à ce moment de l'histoire, est une notion obscure.

Pourtant, tout un savoir sur les irrationnels se développe, y compris dans la Grèce antique. On apprend à construire géométriquement à la règle et au compas les grandeurs irrationnelles, on en cherche des approximations... On doit pourtant attendre longtemps pour que les nombres irrationnels soient acceptés comme des grandeurs à part entière.

Sommes-nous si différents des Grecs sur ce point ?

N'avons-nous pas la même répugnance qu'eux lorsque surgit au détour d'un calcul $\sqrt{3}$?

Un détour par une calculatrice s'impose, et nous écrivons $\sqrt{3} = 1{,}732\ldots$

Au fait, que signifie cette égalité ? Est-elle vraie ? Est-elle fausse ?

Que signifient les points de suspension ?

Espace du lecteur

Voici le mouvement très ordinaire et humble de la science : qu'elle parvienne à un cul-de-sac objectif de ce genre et elle transforme tout aussitôt ses présupposés.

MICHEL SERRES

Wassily Kandinsky, *Dans le carré noir.*

Les valeurs approchées : = ou ≃ ?

Pour noter les nombres, les Grecs n'utilisent pas notre système de numération. Une écriture telle que 1,32 par exemple n'existe pas pour eux. Ils n'ont donc pas les moyens de savoir que la différence profonde qui existe entre les nombres irrationnels et les autres peut se «lire» dans l'écriture décimale des nombres.

En effet, pour tous les nombres qui s'expriment comme quotient de deux entiers, l'écriture décimale de ces nombres, même infinie, est périodique, au bout d'un moment on retrouve les mêmes chiffres qui se répètent, dans le même ordre.

Par exemple, $\frac{1}{3} = 0{,}3333\ldots$ et le chiffre 3 se répète indéfiniment.

$\frac{28}{13} = 2{,}1538461538461\ldots$ et la séquence de chiffres 153846 se répète sans cesse...

Vous pouvez essayer, cela marche toujours, mais faites la division à la main et gardez patience pour voir apparaître cette suite de chiffres qui se répètent...

Il est donc tout à fait légitime d'écrire que $\frac{1}{3} = 0{,}3333\ldots$ les points de suspension indiquant que le chiffre 3 va sans cesse se répéter, ce dont nous pouvons être sûrs. Et bien que $\frac{1}{3}$ ait un développement décimal infini, cette infinité est tout à fait prévisible.

Rien de tel en revanche pour les nombres irrationnels.

En effet, on peut démontrer que les nombres irrationnels ont un développement décimal infini dans lequel n'apparaît aucune régularité. La rupture entre ces deux sortes de nombres, les rationnels et les irrationnels, est vraiment profonde.

C'est pourquoi il est faux mathématiquement d'écrire par exemple $\sqrt{2} = 1{,}414\ldots$ Ici, les points de suspension ne veulent rien dire, car cette écriture ne nous dit pas ce qui se passe après la troisième décimale. Nous pouvons au mieux écrire que $\sqrt{2} \simeq 1{,}414$, ce qui signifie «à peu près égal». 1,414 est une valeur approchée de $\sqrt{2}$.

Y a-t-il un intérêt pratique à savoir que $\sqrt{2}$ par exemple n'est pas rationnel, pas exactement égal à 1,414? L'honnêteté force à l'avouer : non, à peu près aucun. En effet, pour tous ceux qui techniquement ont besoin de travailler avec des nombres irrationnels (les ingénieurs par exemple), il suffit d'une bonne approximation, et peu leur importe que le développement décimal de $\sqrt{2}$ soit infini et imprévisible!

Tirons une leçon de cette histoire : la démonstration dit que cette grandeur est inexistante, non nommable dans le langage de la science grecque. Pourtant, les mathématiciens grecs voient cette grandeur, ils savent aussi très précisément ce qu'elle est : la diagonale du carré de côté 1.

Il y a donc contradiction non seulement à l'intérieur de la démonstration mais aussi dans toute la conception du numérique qui la sous-tend. Et puisque les Grecs sont impuissants devant l'existence de la diagonale du carré, c'est la théorie mathématique qu'il faudra transformer.

Thèses mathématiques

Thèse 1 : Que l'unité est nombre.

Thèse 2 : Que des nombres quelconques peuvent être nombres carrés, cubiques, de quatre quantités, etc.

Thèse 3 : Qu'une racine quelconque est nombre.

Thèse 4 : Qu'il n'y a aucuns nombres absurdes, irrationnels, irréguliers, inexplicables ou sourds.

SIMON STEVIN

Breughel l'Ancien, *Paysage avec la chute d'Icare.*

Un meurtre par noyade

Les Grecs se trouvèrent très ébranlés par cette découverte. On raconte même que, vers le VIe siècle avant Jésus-Christ, un certain Hippase de Metaponte fut précipité dans les flots par ses compagnons et se noya. Une autre version parle de suicide. Quoi qu'il en soit, la légende raconte que cet homme est celui qui divulgua la découverte des grandeurs irrationnelles. Sa mort aurait donc été le châtiment infligé à celui par qui le scandale arriva.

Euclide aurait commenté cette légende : « Les auteurs de la légende ont voulu parler par allégorie. Ils ont voulu dire que tout ce qui est irrationnel et privé de forme doit demeurer caché. Que si l'âme veut pénétrer dans cette région secrète et la laisser ouverte, alors elle est entraînée dans la mer du devenir et noyée dans l'incessant mouvement de ses courants. »

Et, de fait, c'est bien ce qui se passa ! La découverte des irrationnels donna le départ à une très longue histoire, aussi mouvementée que la mer déchaînée dont parle Euclide. Rien moins que l'histoire des différentes sortes de nombres : entiers, fractions, irrationnels, nombres négatifs...

Quel statut en effet donner à ces différentes entités, et finalement qu'est-ce qu'un nombre ?

Après la civilisation grecque, ce sont les civilisations indienne et arabe qui se révélèrent les plus fécondes mathématiquement. Avec l'invention de l'algèbre, de la théorie des équations, se développa toute une série de procédés de calcul sur les irrationnels.

Parmi les mathématiciens qui travaillèrent sur les grandeurs irrationnelles, un des plus connus, Omar Khayyam (1050-1123), fut également astronome et poète :

« Toi, venu du monde du ciel et du souffle,
Abasourdi parmi 4 et 5, 6 et 7,
Bois du vin ! tu ne sais pas d'où tu es venu !
Fais la fête ! sais-tu vers où tu t'en iras ? »

Cependant, le statut de ces grandeurs demeure flou. En Occident, à la Renaissance, on les nomme encore nombres sourds, muets, absurdes, inexplicables, irréguliers...

Au XVIe siècle, par exemple, Simon Stevin, mathématicien flamand, manifestement exaspéré par le refus de ses contemporains de donner aux nombres irrationnels un statut clair, continuait de s'enflammer pour la cause.

$\mathbb{N}$ désigne l'ensemble des entiers naturels 0, 1, 2, 3…

$\mathbb{Z}$ désigne l'ensemble des entiers relatifs, positifs et négatifs -3, -2, -1, 0, 1, 2, 3…

$\mathbb{Q}$ est l'ensemble des nombres rationnels, c'est-à-dire ceux qui peuvent s'écrire sous la forme d'un quotient de deux entiers relatifs. $\frac{1}{2}$, $\frac{-59}{48}$, mais aussi 4 (qui peut s'écrire par exemple $\frac{8}{2}$) sont des éléments de $\mathbb{Q}$.

$\mathbb{R}$ est l'ensemble des nombres réels. En plus des rationnels, il contient les nombres irrationnels tels que $\sqrt{2}$, $\sqrt{3}$, π…

Max Ernst, *Euclide, New York.*

Le statut des nombres

À la fin du XIXe siècle, les mathématiques ont accompli des progrès immenses, et pourtant deux des plus considérables mathématiciens de l'époque échangent le dialogue suivant, preuve que la question du statut des nombres reste brûlante :

« Dieu a créé les nombres entiers, le reste est l'œuvre de l'homme. »

LEOPOLD KRONECKER

« Contrairement à Kronecker, pour fonder les mathématiques, je n'ai pas besoin de Dieu. »

DAVID HILBERT

La citation de Kronecker reprend la vieille idée selon laquelle les nombres entiers sont du côté de la perfection, à l'opposé des autres nombres, qui seraient, eux, du côté de l'humain, donc de l'imparfait.

C'est à cette époque que le mathématicien Dedekind, soucieux de définir précisément la notion de nombre, montre comment on peut construire et définir les nombres irrationnels à partir des nombres rationnels.

Résultat de siècles de spéculations, ses travaux dissipent enfin les mystères dévoilés par les Grecs. Voici comment il explique son projet : « Je suppose comme base, à propos de laquelle on doit naturellement s'être entendu, l'Arithmétique des nombres rationnels, supposée bien fondée, et rien d'autre ; je montre dans mon ouvrage que, sans immixtion de choses étrangères, on peut constater dans le domaine des nombres rationnels un phénomène qui peut être employé à compléter ce domaine par une création unique de nombres irrationnels. »

Une notation est également adoptée qui permet de classer les nombres dans des ensembles. Toujours utilisée, cette classification ne doit pas masquer l'extraordinaire diversité des adjectifs que les mathématiques accolent au mot « nombre »... Savez-vous qu'il existe à l'intérieur de ces ensembles des nombres transcendants, amicaux, premiers, parfaits, déficients, abondants... ?

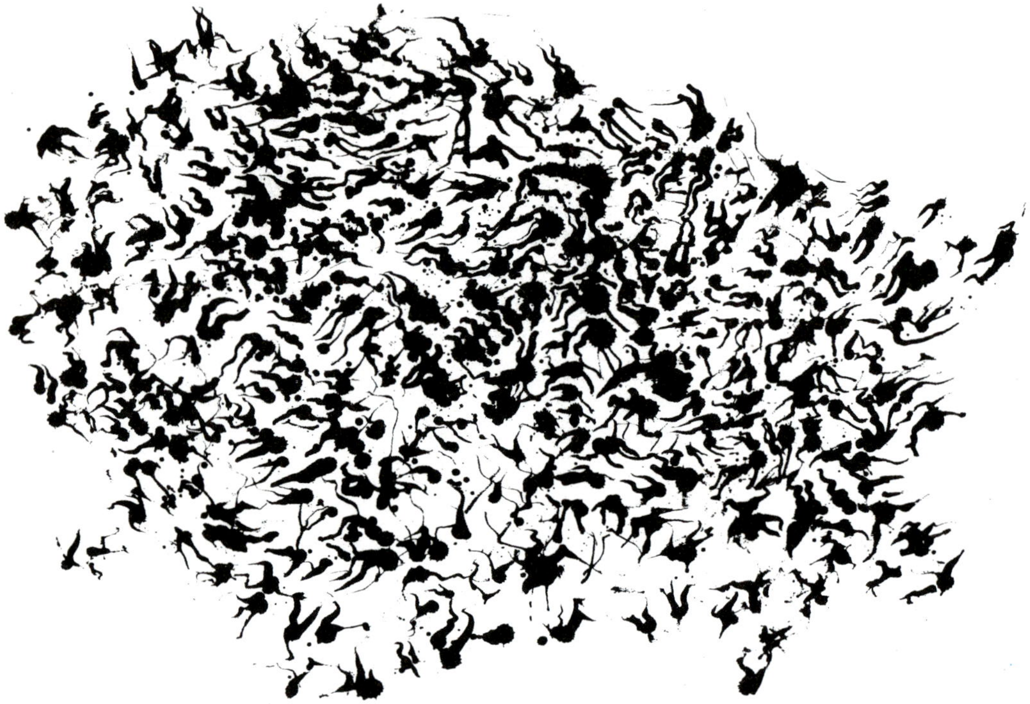

Henri Michaux, *Peinture à l'encre de Chine.*

« Je le vois, mais je ne le crois pas » : l'infini

Georg Cantor.

« L'infini » ! Törless avait souvent entendu ce terme au cours de mathématiques. Il n'y avait jamais rien vu de particulier. Le terme revenait constamment ; depuis que Dieu sait qui, un beau jour, l'avait inventé, on pouvait s'en servir dans les calculs comme de n'importe quoi de tangible. Il se confondait avec la valeur qu'il avait dans l'opération : Törless n'avait jamais cherché à en savoir plus.

Tout à coup, comprenant que quelque chose de terriblement inquiétant était lié à ce terme, il tressaillit. Il crut voir une notion, que l'on avait domptée pour qu'il pût la faire servir à ses petits tours de passe-passe quotidiens, se déchaîner brusquement ; une force irrationnelle, sauvage, destructrice, endormie seulement par les passes de quelque inventeur, se réveiller soudain et retrouver sa fécondité. Elle était là, vivante, menaçante, ironique, dans le ciel qui le dominait.

Cette vision était si pénible qu'il dut se résoudre à fermer les yeux.

ROBERT MUSIL

Première approche

Un enfant qui apprend à compter s'aperçoit un jour qu'il n'y a pas de fin. On ne peut pas compter «jusqu'au bout», la suite des nombres sans cesse se poursuit.

Autant que je veux!

Génération infinie de mots et de nombres, qui excède soudain la comptabilité du monde réel, les grains de sable de toutes les plages du monde, les secondes de nos vies... Émerveillement, vertige...

Et les questions affluent. L'infini, ce serait donc ce qui n'a pas de borne. Mais, d'un autre côté, si je compte les nombres entre 0 et 1 : 0, puis 0,1, 0,01, puis 0,001... il me semble qu'il y a là aussi un infini, mais enfermé dans des bornes. Comment s'y retrouver?

Il fallut quelque temps et beaucoup d'efforts à l'humanité pour penser mathématiquement l'infini. La notion elle-même d'infini, connexe à l'idée de Dieu, inaccessible à notre expérience, mit longtemps à accéder au statut d'objet scientifique.

«Nous connaissons qu'il y a un infini, et nous ignorons sa nature comme nous savons qu'il est faux que les nombres soient finis. [...] Ainsi on peut bien connaître qu'il y a un Dieu sans savoir ce qu'il est.»

BLAISE PASCAL

Dans ce chemin vers l'infini, pourtant, que d'éblouissements! Et autant de paradoxes...

C'est donc par les paradoxes que nous commencerons, par la perte des repères, car :

«Attention! Les paradoxes font de la science un lieu vivant, non un lieu trône prononçant des sentences définitives. En lui rencontre, émergence et hymne à la polyvalence.»

ARMAND GATTI

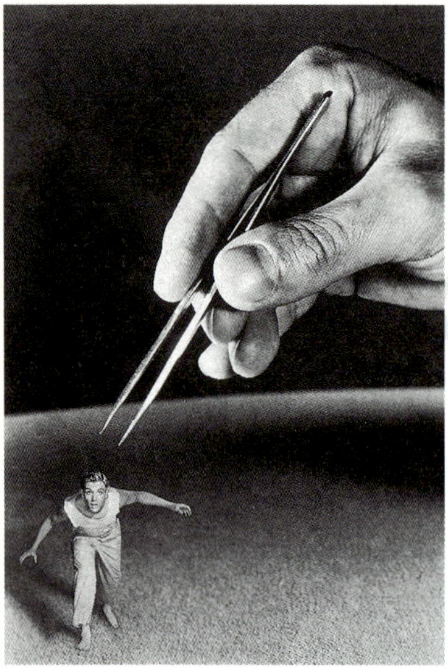

L'Homme qui rétrécit, film de Jack Arnold, 1957.

Comment pouvait-il être moins que rien ?

La lumière se fit. La veille, il avait contemplé l'univers extérieur. Il devait donc y avoir aussi un univers intérieur. Peut-être *des* univers.

Il se remit debout. Pourquoi n'y avait-il jamais pensé ? Il avait toujours su qu'il existait des mondes microscopiques et ultra-microscopiques. Et pourtant il n'avait jamais fait le rapprochement qui s'imposait. Il s'était obstiné à penser en termes de monde à la mesure de l'homme, de dimensions n'ayant d'autres limites que celles de l'homme. Il avait méjugé de la nature. Car le centimètre, comme le pouce, était un concept propre à l'homme, pas à la nature. Pour l'homme, zéro centimètre équivalait à rien. Zéro égalait rien, le néant.

Mais pour la nature, il n'y avait pas de zéro. L'existence se poursuivait en cycles infinis. Cela semblait tellement simple à présent, il ne disparaîtrait jamais parce qu'il n'existait aucun point de non-existence dans l'univers.

Tout d'abord, cela lui fit peur. L'idée de passer indéfiniment d'un ordre de grandeur à un autre était trop bizarre.

Puis il réfléchit. Si la nature existait à une infinité de niveaux, peut-être en allait-il de même pour l'intelligence.

Peut-être n'était-il pas condamné à la solitude.

Soudain, il se mit à courir vers la lumière.

RICHARD MATHESON

La goutte d'eau qui *ne fait pas* déborder le vase

Imaginez un vase d'un litre de contenance. On le remplit d'un demi-litre (1/2), puis on ajoute un quart de litre (1/4), puis un huitième de litre (1/8), puis un seizième de litre (1/16), et on continue ainsi, sans cesse... Le vase débordera-t-il un jour?

Ce problème est une version d'un des paradoxes exposés par Zénon d'Élée (Ve siècle av. J.-C.). Pourquoi est-ce un paradoxe?

D'un côté, il semble intuitivement que le vase va bien finir par déborder un jour, même si c'est dans des siècles.

D'un autre côté, il semble mathématiquement que non, car à chaque étape il nous reste encore du liquide à rajouter.

À la première étape, nous versons 1/2 litre, il nous reste donc encore 1/2 litre à ajouter. Mais à la deuxième étape, nous n'en ajoutons que 1/4, il nous reste donc encore 1/4 du vase à remplir, et ainsi de suite.

À la troisième étape, nous avons versé dans le vase 1/2 + 1/4 + 1/8 et il nous reste 1/8 de vase à remplir.

À la quatrième étape, nous avons mis dans le vase 1/2 + 1/4 + 1/8 + 1/16 et il nous reste encore 1/16 à remplir, etc.

Certes, la quantité de liquide déjà versée augmente à chaque étape, et se rapproche de 1 litre, mais elle n'atteint jamais 1. Ainsi, si nous calculons 1/2 + 1/4 + 1/8 + 1/16 + 1/32, nous trouvons 0,96875, ce qui est très proche de 1, mais pas *égal* à 1.

Le paradoxe est double : il y a d'abord notre expérience humaine de la quantité qui fait que nous n'arrivons pas à imaginer ce que c'est qu'une quantité d'eau qui devient sans cesse plus infime. Il nous semble qu'au bout d'un moment la quantité d'eau est si petite qu'elle n'existe plus vraiment. Il s'agit donc simplement du divorce entre l'expérience et le raisonnement.

L'autre partie du paradoxe est strictement mathématique.

1 est un nombre simple, bien délimité. Comment arriver à penser que ce nombre puisse être « égal » à une somme infinie de termes? Car il semble bien que nous en soyons réduits à penser que 1/2 + 1/4 + 1/8 + 1/16 +1/32 + 1/64 +... = 1, les points de suspension signifiant que nous ne nous arrêtons jamais, et le signe « = » signifiant que nous pouvons nous approcher du nombre 1 autant que nous voulons par ce procédé. Autrement dit, fini et infini sont des concepts étrangement mêlés.

Surtout ne pas vouloir voir grand. Le grand est l'ennemi mortel de l'infini. Plus petite est la surface que vous regarderez, plus aisément l'infinie fragmentation s'y mettra. L'espace se brisera, en points, en points de plus en plus nombreux, leur division augmentera fantastiquement, la divisibilité ne trouvera plus de limites : vous y êtes. [...]

Dans une figure donnée un tout petit espace qui commence à se creuser d'infini.

HENRI MICHAUX

Geo Weiss, *L'Autodafé.*

De l'infini divin aux cardinaux

Dès le XVIIe siècle, le calcul infinitésimal (c'est-à-dire la science des infiniment petits), traitera certes de ces questions, mais sans pourtant élucider rigoureusement le concept d'infini. Il faudra attendre le mathématicien Georg Cantor (1845-1918) pour que s'éclairent ces notions.

Malgré les vertiges, les paradoxes, les apparentes impossibilités métaphysiques, tentons de refaire avec Cantor un bout du chemin mathématique vers l'infini.

Première étape : débarrassons-nous de tous nos a priori, de notre sens commun.

Seconde étape : oublions le monde matériel.

Enfin, passons de l'infini métaphysique à l'infini mathématique. Et d'abord, voici deux questions pour nous mettre en jambes :

- Imaginez la suite des nombres entiers 0,1,2,3,4,5... C'est un ensemble infini.
- Imaginez maintenant tous les nombres compris entre 0 et 1. C'est aussi un ensemble infini.

Est-ce du même infini que l'on parle?

Espace du lecteur

- Considérez à présent deux autres ensembles infinis : l'ensemble de tous les entiers 0, 1, 2, 3, 4, 5... et l'ensemble de tous les entiers pairs 0, 2, 4, 6, 8...

De ces deux ensembles, lequel est « le plus grand »?

Espace du lecteur

Pour penser ces problèmes, ce qui semble manquer, c'est une définition précise de ce qu'est un ensemble infini. Et c'est précisément ce à quoi Cantor s'attaque d'abord, bousculant toutes les idées communes sur le tout, les parties, la quantité...

Bijections, crayon en main

Pour aborder la notion d'infini, il faut revenir à des considérations apparemment plus simples et se poser la question suivante :

Étant donné deux ensembles, comment pouvons-nous savoir s'ils ont le même nombre d'éléments?

Bien sûr, nous pouvons, si cela est possible, compter le nombre de leurs éléments et examiner s'il s'agit de nombres égaux. Mais il existe une autre méthode, qui ne suppose pas que nous sachions compter, et qui est résumée ainsi par le mathématicien Bertrand Russell :

« S'il existe un pays dans lequel il est impossible pour une raison ou une autre de faire le recensement de la population mais où l'on sait que chaque homme possède une femme et que chaque femme a un mari (on présume que la polygamie est exclue), nous pourrons avoir la certitude qu'il y a dans ce pays autant d'hommes que de femmes, ni un de plus ni un de moins. Cette méthode de recherche peut être généralisée. S'il existe un type de relation qui comme le mariage monogame lie chaque élément d'une collection à un élément d'une autre collection et à un seul, et réciproquement, on peut alors affirmer que les deux collections ou ensembles possèdent la même quantité d'éléments. »

Lorsque l'on arrive à construire entre deux ensembles une relation du type décrit par Russell, et qui s'appelle une **bijection** ou **correspondance bi-univoque**, on dira que ces ensembles ont même **cardinal**, ou encore même **puissance**.

Bien sûr, si ces ensembles sont finis, dire qu'ils ont même cardinal signifie simplement qu'ils ont même nombre d'éléments, mais si ces ensembles sont infinis, cela signifie qu'ils sont « aussi grands » l'un que l'autre...

Et maintenant regardez :

D'un côté, tous les entiers 0, 1, 2, 3, 4, 5...

De l'autre, tous les entiers pairs 0, 2, 4, 6, 8...

Selon le procédé décrit par Russell, à chaque entier je peux associer son double, et à chaque entier pair je peux associer sa moitié, de façon à obtenir une bijection :

0 ⟷ 0
1 ⟷ 2
2 ⟷ 4
3 ⟷ 6
... ...
n ⟷ 2n

La conclusion s'impose : il y a autant d'entiers pairs que d'entiers. Pas moins. Autrement dit, ce qui semble si contraire à l'intuition lorsque nous parlons d'ensembles finis, à savoir que « la partie est moins grande que le tout » n'a plus de sens dès lors que nous parlons d'infini... Attention, c'est une idée révolutionnaire !

Idée ainsi traduite par Cantor :

« Un ensemble est infini s'il peut être mis en bijection avec une de ses parties. »

Ce qu'il y a de si novateur dans cette définition, c'est qu'elle offre un point de vue « positif » sur l'infini.

Espace du lecteur

Alors je vis l'Aleph.

J'en arrive maintenant au point essentiel, ineffable de mon récit; ici commence mon désespoir d'écrivain. Tout langage est un alphabet de symboles dont l'exercice suppose un passé que les interlocuteurs partagent; comment transmettre aux autres l'Aleph infini que ma craintive mémoire embrasse à peine? Les mystiques, dans une situation analogue, prodiguent les emblèmes : pour exprimer la divinité, un Perse parle d'un oiseau qui en une certaine façon est tous les oiseaux; Alanus ab Insulis, d'une sphère dont le centre est partout et la circonférence nulle part; Ézéchiel, d'un ange à quatre visages qui se dirige en même temps vers l'Orient et l'Occident, le nord et le sud. (Je ne me rappelle pas vainement ces analogies inconcevables; elles ont un rapport avec l'Aleph.) [...] Par ailleurs, le problème central est insoluble : l'énumération, même partielle, d'un ensemble infini.

En cet instant gigantesque, j'ai vu des millions d'actes délectables ou atroces; aucun ne m'étonna autant que le fait que tous occupaient le même point, sans superposition et sans transparence. Ce que virent mes yeux fut simultané : ce que je transcrirai, successif, car c'est ainsi qu'est le langage. J'en dirai cependant quelque chose.

JORGE LUIS BORGES

École flamande, *Scène biblique avec David et Bethsabée.*

Définir l'infini

Auparavant, un ensemble infini, c'était surtout un ensemble qui n'était pas fini ; avec Cantor, c'est un ensemble doué de qualités qui lui sont propres, et il n'est plus besoin de se référer au fini pour en parler.

Est-ce si étonnant qu'il ait fallu tant de temps pour définir l'infini ?

Sur ce point, l'étymologie nous renseigne.

« Définir » : du latin *definire*, de *finis*, « fins, limites », donc « marquer les confins, les limites ».

Alors, oui, *définir* l'infini, c'était une sacrée gageure ! Et celui qui releva le défi en paya le prix...

Georg Cantor, né en 1845 à Saint-Pétersbourg dans une famille de culture allemande, fit toute sa carrière en Allemagne. Sa vie fut une alternance de moments de créativité intense et de phases de dépression profonde, qui le conduisirent à être admis à maintes reprises dans des hôpitaux psychiatriques. En outre, ses théories furent critiquées à leur naissance, en particulier par le mathématicien Kronecker, qui exerçait alors une influence notoire, et Cantor en fut très affecté.

Cantor, fait rare dans l'histoire des mathématiques, les abandonna pendant douze ans pour se tourner vers la philosophie. Il se passionna également pour l'histoire littéraire et tenta infructueusement de démontrer que Shakespeare était un imposteur et qu'il avait usurpé l'œuvre d'un autre écrivain, Francis Bacon.

Après cet intermède, dont il avouait qu'il lui avait coûté beaucoup de temps et d'argent, il revint aux mathématiques...

« Le paradis de Cantor » : crayon en main

D'un ensemble qui contient 3 éléments, on dit qu'il a pour cardinal le nombre 3. D'un ensemble qui a 165 580 éléments, on dit que son cardinal est le nombre 165 580.

Le cardinal de l'ensemble $\mathbb{N}$ des entiers naturels s'écrit, lui, $\aleph_0$, et se lit Aleph zéro. $\aleph_0$ est le «*nombre*» qui mesure la grandeur de l'ensemble des entiers naturels, ensemble pourtant infini. Tout «*nombre*» de cette sorte est appelé par Cantor **«nombre transfini»**. Comme nous avons vu précédemment que l'ensemble des nombres pairs pouvait être mis en bijection avec l'ensemble des entiers naturels, $\aleph_0$ est aussi le cardinal de l'ensemble des entiers pairs.

Toute une série de questions s'enchaînent alors, auxquelles Cantor tentera toute sa vie de répondre, presque toujours avec succès, mais dans un tourment très grand, et sans avoir toujours le soutien de la communauté mathématique.

Question n° 1 : Quel est le cardinal de $\mathbb{Z}$, l'ensemble des entiers relatifs (positifs et négatifs) ?

Réponse : C'est $\aleph_0$. Il n'y a donc pas moins d'entiers relatifs que d'entiers positifs.

Question n° 2 : Quel est le cardinal de $\mathbb{Q}$, l'ensemble de tous les nombres rationnels?

Réponse : C'est encore $\aleph_0$.

Question n° 3 : Tous les ensembles infinis sont-ils donc de cardinal $\aleph_0$?

Réponse : Non. Ainsi, l'ensemble $\mathbb{R}$ des nombres réels pour lequel il n'y a pas d'espace vide a un cardinal que l'on appelle **puissance du continu**, et qui n'est pas égal à $\aleph_0$. N'importe quel intervalle de $\mathbb{R}$ a d'ailleurs cette puissance du continu. Ainsi, par exemple, l'intervalle [0; 1], c'est-à-dire l'ensemble de tous les nombres compris entre 0 et 1, a un cardinal égal à celui de $\mathbb{R}$ tout entier.

Question n° 4 : Y a-t-il plus de points dans un carré que sur le côté de ce carré?

Réponse : Non. Cantor démontra ce résultat en 1874, mais il lui sembla heurter si profondément les principes de la géométrie qu'il écrivit à ce sujet à son ami le mathématicien Dedekind : «Je le vois, mais je ne le crois pas.»

Question n° 5 : Combien y a-t-il de nombres transfinis, autrement dit combien de sortes d'infinis?

Réponse : Une infinité, bien sûr!

La réflexion sur l'infini met en évidence une distinction majeure entre les ensembles infinis : d'un côté, on trouve les **ensembles continus**, comme $\mathbb{R}$, pour lesquels il n'y a pas d'espace vide ; de l'autre, on a les ensembles tels que $\mathbb{N}$, dont tous les éléments sont séparés les uns des autres. On les appelle **ensembles discrets**, mot apparemment surprenant, qui nous renvoie à l'étymologie latine *discretus*, « séparé ».

Les résultats démontrés par Cantor, lorsqu'ils furent acceptés après quelques tracas par les mathématiciens, formaient une construction si belle que le mathématicien David Hilbert l'appela « le paradis de Cantor ».

Espace du lecteur

Carl Hansen, *Jeunes Garçons jouant aux dés devant le château de Christiansborg à Copenhague.*

Probabilités et statistiques : la géométrie du hasard

Avant le XVIIe siècle, on vivait le destin et la fatalité, stoïque, mahométane, chrétienne, on subissait les heurs et les revers, on craignait la fortune et le sort, on s'émerveillait des rencontres, des occasions et des traverses, on pratiquait les jeux, dés, oie ou solitaire, on invoquait les dieux, soumis eux-mêmes à des pouvoirs aveugles, on mourait du vent, du naufrage ; le monde était intentionnellement tissé, inattendu, cruel, et nécessaire : on ne connaissait pas le hasard. Inventé comme objet par le chevalier de Méré, Pascal et l'autre Bernoulli. Comme objet, c'est-à-dire vidé à tout jamais de quelque trace subjective. [...] Les tables de nombres remplacent la tragédie. Le hasard n'a plus de projet, il n'a que des combinaisons. C'est, si l'on veut, le postulat d'objectivité.

MICHEL SERRES

... Les résultats du sort ambigu sont justement attribués à la contingence fortuite plutôt qu'à la nécessité naturelle. C'est pourquoi la question a erré incertaine jusqu'à ce jour ; mais maintenant, demeurée rebelle à l'expérience, elle n'a pu échapper à l'empire de la raison. Et, grâce à la géométrie, nous l'avons réduite avec tant de sûreté à un art exact, qu'elle participe de sa certitude et déjà progresse audacieusement. Ainsi, joignant la rigueur des démonstrations de la science à l'incertitude du hasard, et conciliant ces choses en apparence contraires, elle peut, tirant son nom des deux, s'arroger à bon droit ce titre stupéfiant : *La Géométrie du Hasard.*

BLAISE PASCAL

Carl Hansen, *Jeunes Garçons jouant aux dés devant le château de Christiansborg à Copenhague* (détail).

Première approche

On dit souvent de Pascal qu'il fut l'inventeur de cette branche des mathématiques appelée probabilités.

Jugez du parcours : parti de considérations sur les gains aux jeux de hasard (frivole préoccupation), il est l'un des premiers à penser qu'il n'y a pas dans le hasard que de l'incompréhensible mais que la raison et le calcul peuvent avoir leur mot à dire. Mais Pascal, le mystique, applique à la fin de sa vie le calcul des probabilités à rien de moins que... l'existence de Dieu. C'est le célèbre pari pascalien, qui peut se lire comme une application très particulière d'un concept nommé Espérance mathématique.

Parcours exemplaire que celui de Pascal dans le chapitre qui nous occupe. Car penser le hasard revient à croiser sans cesse des préoccupations multiples : pronostics de jeu, calcul de risques, sondages d'opinions, tests de qualité... C'est aussi se trouver sans cesse entre le monde des objets mathématiques et la réalité. Et, comme on le verra, la métaphysique (recherche rationnelle des causes de l'univers et des principes premiers de la connaissance) et le problème de la liberté individuelle ne sont jamais très loin.

On connaît la frayeur de ce malade qui, sur le point de subir une intervention chirurgicale, demande :

– Docteur, combien a-t-on de chances de se tirer de là ?

– 99 pour cent.

– Et vous avez déjà réussi beaucoup d'opérations comme celle-là ?

– 99.

JEAN-LOUIS BOURSIN

Jean Craig, mathématicien écossais, a calculé les probabilités pour la religion chrétienne ; et il a trouvé qu'elle en a encore pour 1 350 ans. Cela est honnête.

VOLTAIRE

Nous tous qui sommes frappés par ce désastre, nous savions que nous nous aventurions sur la mer la plus périlleuse, et qu'il y avait dix à parier contre un que nous n'en réchapperions pas. Pourtant, nous nous sommes aventurés, car le résultat espéré étouffait la crainte du péril probable. Et, puisque nous sommes désemparés, tentons de nouveau l'aventure. Allons, hasardons tout, corps et biens.

WILLIAM SHAKESPEARE

Probabilités et fréquences

Le mot « probabilité » peut être défini de différentes façons.

La probabilité d'un événement est un nombre, compris entre 0 et 1, qui mesure la « chance » qu'a cet événement de se produire. Si la probabilité est 0, l'événement est impossible, si la probabilité est 1, l'événement est certain. Entre 0 et 1, toutes les occurrences sont possibles et nous les interprétons diversement. Un événement de probabilité 0,00001 semble très faiblement probable, or il est déjà bien plus probable que la probabilité de gagner le gros lot au Loto, et des millions de Français ne jugent visiblement pas cette probabilité si faible que cela...

Pour calculer mathématiquement la probabilité d'un événement, on utilise dans beaucoup de cas la formule suivante :

Si on note A un événement, p (A), la probabilité de l'événement A est défini par

$$p\ (A) = \frac{\text{nombre de cas favorables}}{\text{nombre total de cas}}$$

Ainsi, si je cherche la probabilité, en jetant un dé, de tirer le 4, je dois compter le nombre de cas favorables (il n'y en a qu'un) et le nombre de cas possibles (il y en a 6), la probabilité de l'événement « tirer le 4 » est donc $\frac{1}{6}$.

Si en revanche je cherche la probabilité de tirer un nombre pair, je compte 3 cas favorables (tirer 2, 4 ou 6) pour toujours 6 cas possibles et la probabilité est $\frac{3}{6}$, c'est-à-dire 1 cas sur 2, soit 50 %.

Dans cet exemple, le décompte des différents cas (cas favorables à la réalisation de l'événement d'une part, cas possibles d'autre part) est très simple. La situation ne se présente pas toujours aussi favorablement, et il existe une branche des mathématiques, appelée la combinatoire, qui s'occupe de ce type de problèmes, et qui a inventé des outils (arrangements, permutations, combinaisons...) pour faciliter les calculs.

Magdalena Abakanowicz, *Hurma.*

Enfin, un résultat important dû au mathématicien bâlois Jacques Bernoulli, connu sous le nom de théorème d'or ou loi des grands nombres, affirme la chose suivante : « La fréquence d'apparition d'un événement aléatoire se rapproche de plus en plus de la probabilité de l'événement, si on répète un très grand nombre de fois l'expérience. »

Traduction en langage courant : « J'ai une chance sur six d'obtenir le 1 en jetant un dé non truqué » ne signifie donc en aucun cas : « Sur six coups, j'obtiendrai une fois et une seule le 1 » ni « si je n'ai pas obtenu le 1 cinq fois de suite, je l'obtiendrai nécessairement au sixième coup ». Cela veut simplement dire : « Si je lance le dé un très grand nombre de fois, j'obtiendrai globalement comme fréquence d'apparition du 6 un nombre très proche de 1/6 ; et plus je lance le dé, plus cette fréquence se rapprochera de 1/6. »

Si le théorème de Bernoulli a une telle importance, c'est parce qu'il établit un lien entre la notion abstraite de probabilité et la notion de fréquence qui a, elle, à voir avec l'expérience et la réalité matérielle.

Mais alors, si les probabilités ne sont valides que sur le très long terme, en quoi sont-elles utiles à l'échelle humaine ? Comment se fait-il qu'elles soient utilisées par les compagnies d'assurances pour calculer les risques, par les organisateurs de jeux de hasard pour fixer le montant des gains ? Quel est leur lien avec les statistiques ? Il semble bien que nous soyons là à un carrefour. D'un côté, une branche des mathématiques, les probabilités, disent : « Si on répète indéfiniment tel phénomène, il se passera globalement ceci. » De l'autre côté, une discipline plutôt descriptive, qui travaille avec du numérique, les statistiques, disent : « Dans le passé, il s'est produit ceci et cela. Entre les deux, un lien à la fois fort et fragile, le théorème de Bernoulli. »

Et nous, nous sommes là, avec la finitude de nos vies, nos doutes, nos espérances, notre besoin de prévoir. Un petit détour par les statistiques s'impose…

La loi Neuwirth, qui a légalisé la contraception en 1967, et la loi Veil prévoient que le Parlement entend chaque année un rapport sur l'état de la natalité en France, ce qui sous-entend que, si elle était trouvée par trop insatisfaisante, on reviendrait peut-être sur les libertés fondamentales. Or pendant des années, l'INED a fourni des chiffres trafiqués dans un sens alarmiste ; grâce à des méthodes de calcul inventées pour les besoins de la cause, l'idée, fausse, d'un déclin démographique a été forgée. Il suffit de faire entrer dans le calcul toutes les femmes en âge de procréer, de 15 à 45 ans, et de concocter un « indice conjoncturel » pour obtenir les résultats qu'on connaît – 1,8 enfant par femme ; en revanche, si l'on compte la descendance réelle d'une classe d'âge quand celle-ci arrive à 40 ans, on trouve que les Françaises de l'ère de la contraception ont eu en moyenne 2,15 enfants chacune. En 1990, voyant le catastrophisme de l'INED alimenter la rhétorique du Front national, un chercheur, Hervé Le Bras, est allé vendre la mèche aux journaux.

MICHÈLE LE DŒUFF

Il existe trois sortes de mensonges : les simples mensonges, les affreux mensonges et les statistiques.

BENJAMIN DISRAELI

Du côté du réel : les statistiques

Faire des statistiques, c'est traiter l'information contenue dans une grande masse de données chiffrées, des milliers, des millions peut-être. « Statistiques » a pour étymologie « état » : les gestionnaires des États ressentirent en effet très vite la nécessité de tenir compte de leur population, de leur armée, de leurs récoltes, afin d'en organiser la gestion.

Une démarche classique des statistiques est de calculer quelques nombres qui, si possible, résumeraient la situation, à partir d'une grande quantité de données chiffrées. Mais en passant d'une série de milliers de nombres à seulement quelques nombres (moyenne, variance, mode, médiane, pour citer les plus connus), nous gagnons en lisibilité mais nous perdons nécessairement en précision. Et l'utilisation des statistiques peut alors se révéler une technique de falsification du réel, si elle est utilisée par des esprits peu scrupuleux. D'où la nécessité pour chacun d'entre nous, citoyens, d'être suffisamment informés des méthodes de la statistique pour ne pas en devenir les dupes... Même si nous devons reconnaître que cette méthode apporte de précieuses informations dans l'analyse de phénomènes aussi variés que l'économie, la biologie, la sociologie...

Dispersions, crayon en main

Imaginons un groupe de cinq personnes, et appelons x_1, x_2, x_3, x_4, x_5 leurs âges, avec : $x_1 = 2$, $x_2 = 90$, $x_3 = 5$, $x_4 = 4$, $x_5 = 49$

Faisons la moyenne m de leurs âges :

$$m = \frac{(x_1 + x_2 + x_3 + x_4 + x_5)}{5} = \frac{(2+90+5+4+49)}{5} = 30$$

Autrement dit, la moyenne d'âge de ce groupe est de 30 ans, alors qu'il est clair que dans ce groupe personne n'a un âge proche de 30 ans. Cette série est en effet très dispersée. Mais ce constat est ici facile : l'exemple choisi est très particulier, la série statistique n'a que 5 éléments, ce qui est ridiculement peu. Généralement, on fait des moyennes sur des séries statistiques bien plus importantes et, par conséquent, on ne peut se permettre de retourner aux valeurs initiales pour examiner la dispersion.

Le but des études statistiques est précisément de pouvoir se passer de l'étude des grandes quantités de nombres. Nous aimerions donc bien quantifier cette dispersion autour de la valeur moyenne.

Les mathématiciens ont pour cela mis au point un concept, appelé **variance de la série**. La formule de la variance est :

$$V = \frac{[(x_1 - m)^2 + (x_2 - m)^2 + (x_3 - m)^2 + (x_4 - m)^2 + (x_5 - m)^2]}{5}$$

Mais pourquoi cette formule? D'où vient-elle? Pourquoi semble-t-elle si compliquée?

Rentrons donc dans la fabrique des formules mathématiques et essayons de trouver une formule qui quantifierait la dispersion.

Nous avons mesuré pour chacune des valeurs de la série son écart par rapport à la moyenne :

pour la première valeur, l'écart est $e_1 = x_1 - m = 2 - 30 = -28$
pour la deuxième valeur : $e_2 = x_2 - m = 90 - 30 = 60$
pour la troisième valeur : $e_3 = x_3 - m = 5 - 30 = -25$
pour la quatrième valeur : $e_4 = x_4 - m = 4 - 30 = -26$
pour la cinquième valeur : $e_5 = x_5 - m = 49 - 30 = 19$

Pour quantifier la dispersion de cette série nous pourrions faire la moyenne de ces écarts, c'est-à-dire calculer $\left(\frac{e_1 + e_2 + e_3 + e_4 + e_5}{5}\right)$

Or, en effectuant le calcul, on trouve : $\left(\frac{-28 + 60 - 25 - 26 + 19}{5}\right) = \frac{0}{5} = 0$

Et ce n'est pas un cas particulier; pour n'importe quelle série, la somme des écarts à la moyenne vaut 0…

Comment nous sortirons-nous de ce mauvais pas?

Espace du lecteur

En fait, c'est parce que nous comptons les écarts à la moyenne avec leur signe (plus ou moins) que le problème se pose. Voici donc un problème technique à résoudre : comment nous débarrasser de ces signes qui nous mettent dans l'incapacité de poursuivre nos calculs?

Il y a en mathématiques deux grandes façons de transformer un nombre négatif en nombre positif : ou bien prendre sa valeur absolue, ou bien l'élever au carré. Ainsi, face au nombre - 28 par exemple, nous pouvons soit calculer $|-28| = 28$, soit calculer $(-28)^2 = 784$.

La première solution semble la plus simple, mais c'est une illusion, car la valeur absolue est une transformation mathématique qui se prête fort mal aux calculs. Les statisticiens ont donc préféré l'autre approche, qui consiste à élever les écarts à la moyenne au carré, puis à en faire la moyenne.

Ce qui donne :

$$\frac{[(-28)^2 + (60)^2 + (-25)^2 + (-26)^2 + (19)^2]}{5} = \frac{(784 + 3600 + 625 + 676 + 361)}{5}$$

$$= \frac{6046}{5} = 1209{,}2$$

Ce nombre s'appelle la **variance** de la série statistique.

Sa racine carrée s'appelle **l'écart type** de la série statistique, on le désigne souvent par la lettre grecque σ et c'est ce nombre qui est généralement choisi pour mesurer la dispersion de la série.

Par exemple, dans l'exemple précédent, on trouve : $\sigma = \sqrt{1209{,}2} \approx 35$

Cela signifie que la moyenne de la série étant de 30 ans, l'écart moyen est de 35 ans environ. Voilà un renseignement supplémentaire fort utile.

N'ayons peur de rien :

$$\sigma = \sqrt{\frac{(x_1 - m)^2 + (x_2 - m)^2 + (x_3 - m)^2 + (x_4 - m)^2 + \ldots + (x_n - m)^2}{n}}$$

Ceci est une formule, c'est-à-dire, selon l'étymologie latine, une « petite forme ». Les livres de mathématiques regorgent de formules. Elles effraient souvent, pour plusieurs raisons, dont l'essentielle est la suivante : elles sont écrites dans une langue étrangère, la langue du symbolisme mathématique. Cette langue symbolique, sans cesse mêlée aux mots de la langue naturelle, aux nombres, permet au discours mathématique la concision et la précision. Repensons à l'exemple de l'écart type; si je devais dire la formule ci-dessus avec des mots, je devrais dire : « L'écart type est la racine carrée du quotient de la somme des carrés des écarts à la moyenne, divisée par le nombre de valeurs de la série. » Est-ce vraiment plus clair?

D'autre part, nous avons vu que la « complication » de la formule n'est pas due au sadisme de ceux qui l'ont inventée, mais à des nécessités techniques internes aux mathématiques; cette formule, bien que complexe, est encore la plus simple et la plus facile à utiliser.

Espace du lecteur

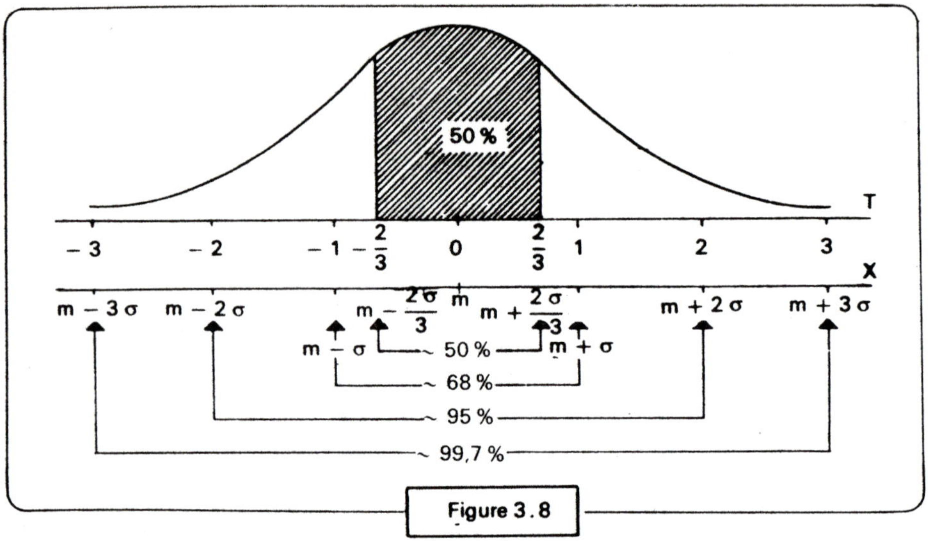

Dispersion des valeurs d'une variable aléatoire suivant une Loi normale.
Vincent Giard, *Statistique appliquée à la gestion.*

Cette notion de dispersion, pourtant essentielle, est trop souvent négligée. On pense par exemple à ce chef d'entreprise, plus prompt à évoquer le salaire de son personnel que le sien, déclarant à la télévision que ses ouvriers « gagnaient en moyenne 7500 F par mois », et « que ceux qui gagnent moins m'envoient leur bulletin de salaire ». La crédulité des téléspectateurs et celle des journalistes a suffi, dans un premier temps, pour faire effet et laisser entendre que les salaires inférieurs à la moyenne sont rares, ce qui voudrait dire que la dispersion est quasiment nulle ; la logique s'est imposée dans les jours suivants, dès réception de milliers de feuilles de paie...

José Rose

La Loi normale

On a vu que les statistiques tentent de comprendre les phénomènes par l'analyse d'une grande masse de résultats numériques. D'abord en calculant certains paramètres : moyenne, écart type, etc. Mais aussi par une approche plus qualitative.

Les mathématiciens ont décrit un certain nombre de grandes lois : loi de Poisson, loi binomiale, et la plus connue d'entre elles, la loi de Gauss-Laplace, appelée encore Loi normale, ou plus communément courbe en cloche.

Cette dernière loi est particulièrement importante. On peut en effet montrer que si un phénomène qui s'observe chez une personne (taille, poids...) est soumis à des causes indépendantes dont aucune n'a de rôle dominant, et si la population étudiée est assez nombreuse, on constate alors que la répartition de ce phénomène obéit à peu près à une Loi normale. Il en est par exemple ainsi de nombreuses caractéristiques physiques des hommes, des animaux, des plantes, de conditions météorologiques, de paramètres économiques...

Savoir qu'un phénomène obéit à une loi théorique s'avère fort utile. Imaginons que dans un groupe de personnes la taille obéisse à une loi normale de moyenne 1,75 m et d'écart type 15 cm, on est en mesure, grâce à une simple lecture d'une table de chiffres, de dire quelle est la probabilité qu'une personne de ce groupe mesure 1,85 m.

On imagine l'intérêt pour les compagnies d'assurances, les banques... La compagnie d'assurances peut mesurer la probabilité qu'une personne de 70 ans, ayant exercé telle profession, ayant tels antécédents médicaux, développe une maladie grave dans les années qui viennent. C'est en fonction de l'évaluation de ce risque qu'elle fixera les conditions du contrat d'assurance. Bien sûr, nul ne peut prévoir qui tombera malade et quand, mais sur le long terme la compagnie d'assurances peut raisonnablement espérer être gagnante...

La régularité des séries statistiques est quelquefois aussi grande que celle des lois. Vous connaissez sûrement ces exemples pour les avoir entendus à quelque cours de sociologie. Par exemple la statistique des divorces en Amérique. Ou le rapport entre les naissances de garçons et celles des filles, qui est, de toutes les proportions, l'une des plus constantes. Vous savez aussi qu'un nombre sensiblement constant de conscrits tente chaque année d'échapper au service par la mutilation volontaire. Ou encore qu'une fraction à peu près invariable de l'humanité européenne se suicide annuellement. De même, le vol, le viol, et, autant que je sache, la faillite, présentent chaque année à peu près la même fréquence… […]

On appelle ça, un peu obscurément, la loi des grands nombres. Par quoi l'on veut dire à peu près que, si un homme se tue pour telle raison et un autre pour telle autre, dès qu'on a affaire à un très grand nombre, le caractère arbitraire et personnel de ces motifs disparaît, et il ne demeure… précisément, qu'est-ce qui demeure ? Voilà ce que j'aimerais vous entendre dire. Ce qui reste, en effet, vous le voyez vous-même, c'est ce que nous autres profanes appelons tout bonnement la moyenne, c'est-à-dire quelque chose dont on ne sait absolument pas ce que c'est. […]

Quoi qu'il en soit, en effet, la possibilité d'une vie ordonnée repose tout entière sur cette loi des grands nombres ; si cette loi de compensation n'existait pas, il y aurait des années où il ne se produirait rien, et d'autres où plus rien ne serait sûr ; les famines alterneraient avec l'abondance, les enfants seraient en défaut ou en excès et l'humanité voletterait de côté et d'autre entre ses possibilités célestes et ses possibilités infernales comme les petits oiseaux quand on s'approche de leur cage.

ROBERT MUSIL

La statistique n'est pas faite pour démontrer l'existence du hasard, ou pour déceler sa présence. Au contraire, elle repose sur un postulat initial, qui est que le monde est probable. Comme chacun de nous, le statisticien part du principe que le monde existe, mais il lui demande quelque chose de plus : il lui demande d'être probable. Il est théoriquement possible, en tout cas parfaitement compatible avec le calcul des probabilités, qu'à partir de demain toutes les pièces de monnaie lancées de bonne foi retombent sur pile, et que la roulette du casino ne sorte plus que rouge, pair et manque. Un tel événement est certes infiniment peu probable, mais il est possible, et se produisît-il qu'on n'aurait pas à changer un iota aux traités de statistiques. Ils nous enseigneraient alors que si le Créateur se décidait à recommencer l'univers, il aurait beaucoup plus de chances d'en fabriquer un qui se comporte plus normalement. Mais, en attendant, nous serions contraints de vivre dans un univers improbable, où les fleuves remontent vers leur source et où l'entropie décroît avec le temps.

Nous postulons qu'il n'en est rien. Nous croyons que nous vivons dans un univers où les événements de probabilité trop faible ne se produisent pas, et nous agissons en conséquence. Jusqu'à présent, l'expérience ne nous a pas démentis, mais nul ne saurait préjuger de l'avenir.

IVAR EKELAND

Probabilités et liberté individuelle

Mais qu'est-ce qu'un fait aléatoire? Et à quelle sorte d'événement pouvons-nous appliquer le calcul des probabilités?

Le lancer d'un dé, les numéros qui sortiront demain au Loto, le sexe d'un enfant à naître, voilà des phénomènes qui semblent clairement hasardeux. Mais, que penser des événements suivants : le temps qu'il fera dans dix jours, la couleur de la jupe que porte aujourd'hui la boulangère, mon espérance de vie, l'état de mes finances dans quinze ans, le nombre d'enfants qu'aura une jeune femme âgée aujourd'hui de vingt ans? La réponse à ces questions est moins nette. Et pour ne parler que du dernier exemple, nul ne peut prévoir si cette jeune femme aura des enfants, et combien.

En effet, la liberté individuelle existe et le nombre d'enfants qu'elle décidera d'avoir ou pas semble lié à des facteurs si multiples et si éminemment personnels qu'il paraît très présomptueux de penser pouvoir prévoir un tel phénomène.

Et pourtant voilà bien le genre de phénomènes qui relève du calcul des probabilités. Plus précisément, d'après le théorème de Bernoulli, on peut dire que la probabilité que cette jeune femme ait trois enfants est très proche de la fréquence des jeunes femmes qui aujourd'hui, vivant dans les mêmes conditions que cette jeune fille, ont trois enfants. Cela suppose bien sûr de définir ce que signifie l'expression les «mêmes conditions». S'agit-il de son lieu de vie? de son statut social? etc. Ajoutons à cela que cette description reste valable si le futur proche est à peu près identique au présent.

Raymond Queneau.

Des signes et des lettres

– Il n'existe pas qu'un seul monde, lui dis-je, celui que vous voyez ou que vous croyez voir ou que vous vous imaginez voir ou que vous voulez bien voir, ce monde que touchent les aveugles, qu'entendent les amputés et que reniflent les sourds, ce monde de choses et de forces, de solidités ou d'illusions, ce monde de vie et de mort, de naissances et de destructions, ce monde où nous buvons, au milieu duquel nous avons coutume de nous endormir. Il en existe au moins un autre à ma connaissance : celui des nombres et des figures, des identités et des fonctions, des opérations et des groupes, des ensembles et des espaces. Il y a des gens, vous le savez, qui prétendent que ce ne sont là qu'abstractions, constructions, combinaisons. Ils veulent faire croire à une sorte d'architecture ; on prend des éléments dans la nature, on les raffine, on les polit, on les dessèche et l'esprit humain bâtit avec ces briques une demeure splendide, magistral témoignage de la puissance de sa raison. Vous devez certainement connaître cette théorie, votre professeur de philosophie devait la soutenir : c'est bien la plus vulgaire qui soit. Une bâtisse, ils prennent la science mathématique pour une bâtisse! On s'assure de la solidité des fondations avant de construire le rez-de-chaussée et le rez-de-chaussée fini on passe au premier étage puis au second et ainsi de suite sans qu'il y ait de motif pour que cela s'arrête. Mais en réalité les choses ne se passent pas ainsi ; ce n'est pas à l'architecture, à la maçonnerie qu'il faut comparer la géométrie ou l'analyse, mais à la botanique, à la géographie, aux sciences physiques même. Il s'agit de décrire un monde, de le découvrir et non de le construire ou de l'inventer, car il existe en dehors de l'esprit humain et indépendant de lui. On doit explorer cet univers et dire ensuite aux hommes ce que l'on y a vu – je dis bien : vu. Mais pour l'exprimer, il faut un langage : celui des signes et des formules, ce que l'on prend d'ordinaire pour l'essence même de la science alors qu'il n'en est que le mode d'expression. Ce langage se révèle encore plus impuissant à décrire les richesses du monde mathématique que la langue française à formuler la multiplicité des choses, puisqu'ils ne se situent pas au même degré d'existence. Il y a d'ailleurs une sorte de philologie mathématique que l'on appelle la logistique. Mais je vous ennuie peut-être?

– C'est-à-dire que je ne vous suis pas très bien, répondit Saxel.

RAYMOND QUENEAU

Raymond Queneau (détail).

Première approche

Si, comme Saxel dans le dialogue de Queneau, vous ne suivez pas très bien non plus, ne vous inquiétez pas. Le débat soulevé par le texte est une très ancienne polémique qui oppose souvent mathématiciens et non-mathématiciens : la nature des objets mathématiques. Plusieurs conceptions s'opposent :

– **L'empirisme** soutient que les objets mathématiques sont des «formes» extraites de la nature, et qu'elles ne sont en quelque sorte qu'un reflet abstrait du monde des réalités expérimentales.
– **Le naturalisme**, défendu en particulier par des biologistes, affirme que «les objets mathématiques s'identifient à des états physiques de notre cerveau de telle sorte qu'on devrait en principe pouvoir les observer de manière extérieure grâce à des méthodes d'imagerie cérébrale» (J.-P. Changeux).
– **Le réalisme**, défendu entre autres par Platon et Descartes, soutient qu'il existe en dehors des activités humaines un «autre monde», autonome, distinct des réalités matérielles, le monde des mathématiques, qui obéit à ses propres lois, et devant lequel nous serions comme des explorateurs devant une contrée inconnue.

Pour la majorité de ceux qui font des mathématiques de façon créatrice, c'est la dernière conception qui est la bonne, même si elle pose un certain nombre de problèmes philosophiques.

«Quel est donc ce lieu qui n'est ni Ciel ni Terre, où la Mathématique, produite, peut ne pas mourir?»

Jean-Toussaint Desanti

Si les mathématiciens créateurs soutiennent malgré tout cette thèse, c'est essentiellement pour une raison : les vérités mathématiques apparaissent à celui qui y est confronté comme un monde radicalement distinct du monde physique, et dont l'exploration requiert du cerveau autre chose qu'un comportement mécanique.

Sans cesse, faisant des mathématiques, nous croyons que les choses sont simples alors qu'elles sont très complexes (souvenons-nous des nombres irrationnels); sans cesse nous croyons trouver des régularités qui pourtant se brouillent. En d'autres termes, argumentent les tenants du réalisme, si tout cela relevait d'une construction humaine, alors, tels des architectes, nous pourrions expliciter sans peine l'architecture de l'édifice. Or, il n'en est rien.

L'histoire des mathématiques est une très longue histoire – inachevée – de vérités démontrées certes, mais aussi de problèmes qu'il a fallu plusieurs siècles ou plusieurs millénaires à élucider, de propositions dont on ne sait pas si elles sont vraies ou fausses.

Bref, cet édifice semble posséder une architecture qui nous dépasse largement!

Piet Mondrian, *Grande Composition A.*

Quand je lis dans une revue de mathématiques que « les correspondants de sommes recouvrent les sommes de correspondants », j'ai beau ne pas comprendre, je sais qu'il s'agit là de beau français ; alors que l'*algèbre des treillis* dépasse infiniment ma compétence, elle m'est chère dans la mesure où j'aime d'amour le français. *Théorie des variétés feuilletées, espace fibré différentiable,* vous êtes irréprochables. Lorsque Lichnerowicz étudie le *plus grand groupe de transformations affines d'une variété riemanienne complexe,* Douady *platitude et privilège,* Micali les *algèbres intègres et sans torsion,* ou qu'un autre mathématicien s'attache aux *surfaces de Riemann insuffisamment pincées,* l'amateur de langage ne peut que se réjouir. Que le vocabulaire de la mathématique emprunte à celui de la couturière, voilà qui garantit la modestie, le sérieux de ceux qui l'emploient. Pour des concepts très neufs, on n'a pas eu recours au grec, ni à l'américain ; on s'est contenté d'ajouter un sens plus précis à tel vieux mot de la tribu ; on s'est contenté de faire comme Mallarmé, à d'autres fins.

RENÉ ÉTIEMBLE

Dans cette exploration d'une contrée inconnue, quel sera notre point de départ, quels seront nos moyens de transport, nos outils de mesure, quelle langue parlerons-nous, quel médium transmettra nos découvertes, qui en gardera la mémoire, que ferons-nous face aux échecs?

Nos points de départ seront les **axiomes** ou **postulats** : ce sont des propositions que nous admettons pour vraies.

Pas à pas, à partir de ces postulats, nous emprunterons un chemin. À chaque instant et en partant d'une vérité, nous lui en enchaînerons une autre, si nous avons trouvé un chemin certain, c'est-à-dire une **démonstration**, nous appellerons le résultat **théorème**.

Lorsqu'un résultat nous semble vrai mais que le chemin démonstratif pour y parvenir n'est pas assuré, nous le nommerons **conjecture**. Et peut-être qu'un jour cette conjecture, ayant été démontrée, deviendra-t-elle théorème... Peut-être montrerons-nous à l'inverse qu'elle était fausse...

Si un autre chemin nous tente, nous pouvons changer notre point de départ, c'est-à-dire nos axiomes de départ : parfois cela ne nous mènera nulle part, parfois au contraire cette bifurcation nous révélera une autre contrée...

Nous donnerons des noms aux objets rencontrés qui semblent dignes d'intérêt.

Toujours, nous tenterons, face aux objets rencontrés, de les caractériser, de dire leurs spécificités, leur nombre, de les classer si possible, d'expliciter les liens qu'ils entretiennent, les familles auxquelles ils appartiennent.

Dans cette exploration, nous croirons qu'il y a dans ce monde une cohérence, des lois, des correspondances, une unité... Certains vont même jusqu'à parler d'une esthétique.

Paul Klee, *Chemin principal et chemins latéraux.*

Lexique

Axiome

Dans la géométrie fondée par Euclide au Vᵉ siècle avant Jésus-Crist, et qui est la géométrie « usuelle » enseignée dans toutes les écoles, un axiome, appelé 5ᵉ axiome, affirme :

« Par un point extérieur à une droite D, on peut tracer une seule droite parallèle à D. »

Pendant plus de deux millénaires, il a semblé absurde de contredire cet axiome. Quand, au XIXᵉ siècle, quasi simultanément, deux mathématiciens, Lobatchevski et Bolyai, construisirent une géométrie dans laquelle ils s'autorisèrent à remplacer le 5ᵉ axiome, ce fut pour beaucoup un scandale. Pourtant, cette nouvelle géométrie était tout aussi cohérente que son aïeule euclidienne, qu'elle ne remettait d'ailleurs pas en question. Une bifurcation se dessine, on emprunte un autre chemin…

Conjecture

Une conjecture est un résultat qui a toutes les apparences de la vérité, mais que l'on ne sait pas démontrer. La conjecture de Goldbach est une des plus célèbres : elle affirme que tout nombre pair différent de 2 peut s'écrire comme la somme de deux nombres premiers. (Rappel : un nombre premier n'est divisible que par lui-même et par 1 ; toute division par un autre nombre donne un résultat non entier.) Par exemple, 14 peut s'écrire 11 + 3, 22 peut s'écrire 19 + 3, etc. La conjecture de Goldbach est-elle vraie ? Sera-t-elle un jour démontrée ? Mystère…

De la conjecture au théorème : la preuve apportée par l'ordinateur

Une vieille conjecture de 1852 appelée conjecture des quatre couleurs affirmait ceci : pour colorier une carte géographique de telle sorte que deux pays frontaliers n'aient pas la même couleur, on n'a besoin que de quatre couleurs (en éliminant quelques cas particuliers).

En 1976, la conjecture fut démontrée, mais la majeure partie de la preuve consistait en programmes d'ordinateur. Faut-il, oui ou non, considérer qu'il s'agit là d'une démonstration ? La plupart des mathématiciens pensent que non, car cette façon de prouver le théorème suppose de faire exclusivement confiance à une machine. Mais d'autres pensent que ce type de démarche deviendra de plus en plus courant et que les mathématiques doivent s'y adapter.

C'était le matin du 24 juin de la présente année (1993) et j'étais passé, avant de prendre l'autobus 27 en direction du Luxembourg, acheter selon mon habitude le *Times* à Saint-Lazare, au Relais H de la salle des Pas-Perdus, côté cour de Rome (le seul sur mon trajet à vendre la presse étrangère). Il était un peu moins de onze heures. [...] mon œil fut attiré par le coin droit de la première page du *Guardian* qui se trouvait un peu en dessous, et où je lus ceci : x puissance n + y puissance n = z puissance n. Une émotion intense me saisit, car la présence de cette équation, totalement insolite à cette place, ne pouvait avoir qu'une seule signification : il était arrivé quelque chose ayant un rapport avec le théorème de Fermat; quelque chose d'assez important pour mériter une mention journalistique. [...] Aussitôt descendu de l'autobus, boulevard Saint-Michel [...], j'entrai dans la première cabine libre et je me mis à téléphoner. J'appelai Marie à son usine. J'appelai Charlotte à Montpellier. J'appelai Paul Braffort, de l'Oulipo. Claude Berge, de l'Oulipo, n'était pas là. Pierre Lusson n'était pas là non plus. Je laissai un message à Yuka, sa belle-fille japonaise, puis je le rappelai chez sa fille Cécile afin qu'il prévienne Jean Bénabou, qui n'était pas là non plus. Après ces coups de téléphone, je me sentis un peu plus calme.

JACQUES ROUBAUD

Andrew Wiles.

Portrait de Pierre de Fermat attribué à Rolland Lefèvre.

Théorème de Fermat

Pierre de Fermat (1601-1665), mathématicien toulousain, énonça un jour le résultat suivant :

Si n est un entier supérieur à 2, on ne peut pas avoir d'égalité du type : $x^n + y^n = z^n$, sauf pour certains cas tout à fait évidents, si x, y, et z sont des entiers.

Pour n = 2, c'est en effet tout à fait possible. Par exemple, on a bien : $3^2 + 4^2 = 5^2$, $6^2 + 8^2 = 10^2$, etc.

Fermat, qui était un très grand mathématicien, affirmait ce fait sans démonstration. Les plus grands mathématiciens tentèrent des démonstrations : aucune n'était satisfaisante. Enfin, en 1993, un mathématicien anglais, Andrew Wiles, produisit une preuve complète, qui fut acceptée après quelques retouches par la communauté mathématique. Ce fut un événement considérable pour les mathématiciens.

La *conjecture* de Fermat devint alors le *théorème* de Fermat.

« Cubum in duos cubos aut quadrato-quadratum in duos quadrato-quadratos et generaliter nullam in infinitum, ultra quadratum, potestatem in duas ejusdem nominis fas est dividere.

Cujus rei demonstrationem mirabilem sane detexi ; hanc marginis exiguitas non caperet. »

« Il est impossible de partager, soit un cube en deux cubes, soit un bicarré en deux bicarrés, soit en général une puissance quelconque supérieure au carré en deux puissances de même degré ; j'en ai découvert une démonstration véritablement merveilleuse que cette marge est trop étroite pour contenir. »

PIERRE DE FERMAT, vers 1650

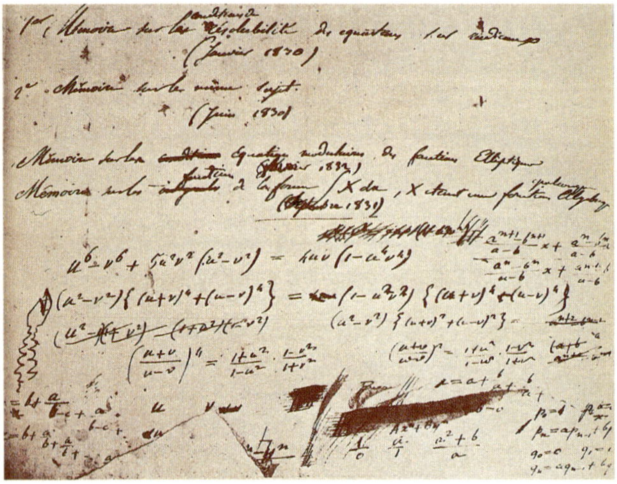

Liste de ses *Mémoires* dressée par Évariste Galois.

Portrait d'Évariste Galois fait de mémoire par son frère Alfred.

La science progresse par une série de combinaisons, […], sa vie est brute et ressemble à celle des minéraux qui croissent par juxtaposition. […] En vain les analystes voudraient-ils se le dissimuler : ils ne déduisent pas, ils combinent, ils composent : toute immatérielle qu'elle est l'analyse n'est pas plus en notre pouvoir que d'autres ; il faut l'épier, la sonder, la solliciter. Quand ils arrivent à la vérité, c'est en heurtant de ce côté et d'autre qu'ils y sont tombés. […]

Nous ne nous plaindrons donc point de l'irrégularité des ouvrages de Mathématiques, qui est inhérente à la liberté absolue du savant. Une théorie nouvelle est bien plutôt la recherche que l'expression de la vérité, et si on pouvait la déduire régulièrement des théories déjà connues, elle ne serait pas nouvelle.

Ce dont nous nous plaindrons, c'est que la pensée qui a dirigé l'auteur reste le plus souvent cachée. […]

Quand la concurrence, c'est-à-dire l'égoïsme, ne régnera plus dans les sciences, quand on s'associera pour étudier au lieu d'envoyer aux académies des paquets cachetés, on s'empressera de publier ses moindres observations pour peu qu'elles soient nouvelles, et on ajoutera : « Je ne sais pas le reste. »

Évariste Galois

Will Hunting, film de Gus Van Sant, 1997.

Le mythe du génie mathématique

Il y a un mythe de la découverte mathématique qui voudrait que tous les mathématiciens soient des génies lisses et désintéressés, distraits et idéaux. Cette vision des choses exclut les individus en jeu, leurs rivalités, leurs ambitions ; elle ne parle pas des modes, des écoles, des luttes d'influence, des applications matérielles des mathématiques, des enjeux financiers auxquels elle peut être confrontée. Elle ne parle pas non plus de la difficulté qu'il peut y avoir parfois à déterminer si une démonstration est correcte ou pas, en particulier quand la démonstration d'un résultat peut demander des milliers de pages.

Aussi, il n'est jamais expliqué à ceux qui apprennent les mathématiques que ce bel enchaînement de théorèmes, de notations, de démonstrations, n'est pas sorti tel quel du cerveau d'un unique mathématicien surhomme, en une seule fois, mais qu'une théorie mathématique naît le plus souvent de l'œuvre de plusieurs mathématiciens ; qu'elle vient au monde progressivement et que cet accouchement peut durer plusieurs siècles, voire des millénaires ; et que derrière cette forme lisse et parfaite, il y eut des brouillons, des essais, des erreurs, des doutes...

Cette vision idéale du génie mathématique ne dit rien de la transmission de ce savoir, ni comment, ni pourquoi.

Le texte d'Évariste Galois au sujet de la science en train de se faire devrait rassurer ceux qui face à un texte mathématique ont le sentiment de ne pas comprendre « comment on y est arrivé » et ont la douloureuse impression qu'ils seraient incapables d'en faire autant.

C'est que bien souvent en mathématiques (pour ne pas dire toujours), la solution d'un exercice, sa démonstration ne gardent aucune trace des chemins parfois tortueux que l'auteur a empruntés pour arriver au résultat. On privilégie toujours la clarté, la concision, et cela n'aide pas à comprendre comment on s'y prend pour résoudre un problème. Il faut apprendre à ne pas se laisser impressionner, savoir que la forme d'une solution ne contient pas, en elle-même, la démonstration.

C'est ce qu'avait déjà remarqué Évariste Galois, archétype du mathématicien novateur, incompris, révolutionnaire, mort à vingt et un ans en duel « pour les beaux yeux d'une infâme coquette ».

Les manuscrits de ses travaux, en particulier de son testament mathématique écrit à la veille de sa mort, offrent l'émouvant témoignage d'une découverte scientifique en train de se faire dans l'urgence et la passion.

Langages, crayon en main

Comme les objets mathématiques sont des objets abstraits, on ne peut, lorsqu'il s'agit de faire des mathématiques, se fier à la vue (lorsque ces objets sont représentables, ce qui est loin d'être toujours le cas) ni à aucune impression de nos sens. On ne peut pas non plus tester nos hypothèses en faisant des expériences en laboratoire. Pour accéder à ces objets, nous n'avons que notre pensée, et pour exprimer notre pensée, le langage.

Mais de quel langage s'agit-il?

Certes, nous employons des mots pour dénommer les objets mathématiques. Certains d'entre eux ne se rencontrent guère qu'en mathématiques. Ils en conservent un aspect «technique» : isomorphisme, équation, homothétie, exponentielle, logarithme, médiatrice, bissectrice...

D'autres termes sont plus familiers : base, sommet, cube, facteur, image, distance, ou encore espace complet, compact, treillis, racine, carquois, feuilletage, filtre, etc.

Bien sûr, ces mots sont strictement définis en mathématique, mais nous les connaissons dans un autre contexte, ils suscitent en nous des images, parfois des confusions. Ainsi, le mot «base» utilisé à propos d'un triangle évoque souvent pour les enfants le côté du triangle qui se trouve «en bas», se référant alors à la base d'un édifice. Comme le «sommet» semblera souvent inadapté à un point qui se trouve au bas d'une figure, tant il est vrai que le sommet d'une montagne se situe rarement en bas! Les exemples abondent de ce type d'erreurs, qui seraient évitables si on prenait le temps d'entendre réellement ces mots et de démêler tout ce qu'ils portent en eux d'images, de représentations extra-mathématiques.

«Au lieu de "points", de "droites" et de "plans", on pourrait tout aussi bien employer les mots "table", "chaise" et "vidrecomes".»

DAVID HILBERT

Et certes, d'une certaine façon, Hilbert a raison : cela ne modifierait en rien la validité des théories mathématiques. Force est pourtant de constater que ce n'est pas le cas. Les mathématiciens s'efforcent de donner aux objets mathématiques des dénominations qui portent en elles quelque chose de l'intuition de l'objet mathématique qu'elles désignent, et cela procure parfois un certain confort. Ainsi, il existe en mathématiques des espaces dits espaces complets : «complet» signifie effectivement que, d'une manière, il ne manque rien à cet ensemble. Il n'est donc pas inutile quand on rencontre un mot nouveau en mathématiques, d'essayer de comprendre pourquoi il a été choisi...

Les mathématiciens professionnels savent une vérité que les enseignants font souvent mine d'ignorer : que, même pour un mathématicien, la première langue est la langue usuelle, maternelle, et que c'est à travers elle que la pensée se construit d'abord.

Espace du lecteur

Associez une définition aux termes mathématiques suivants :

Ensemble ouvert ....

Partition ....

Frontière ....

Feuilletage ....

Idéal ....

Anneau ....

Hérisson ....

J'étais alors en proie à la mathématique.
Temps sombre! enfant ému du frisson poétique
Pauvre oiseau qui heurtais du crâne mes barreaux
On me livrait tout vif aux chiffres, noirs bourreaux
On me faisait de force ingurgiter l'algèbre [...]
On me tordait depuis les ailes jusqu'au bec
Sur l'affreux chevalet des X et des Y
Hélas, on me fourrait sous les os maxillaires
Le théorème orné de tous ses corollaires.

VICTOR HUGO

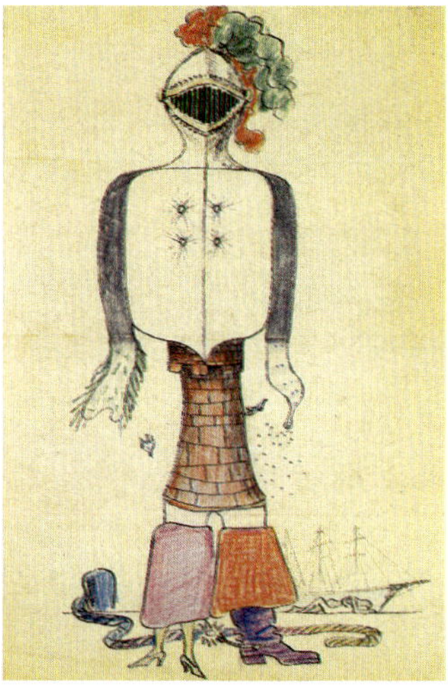

Ci-dessus : Max Morise, André Breton, Yves Tanguy, Man Ray, *Sans titre*, 1927 (cadavre exquis).

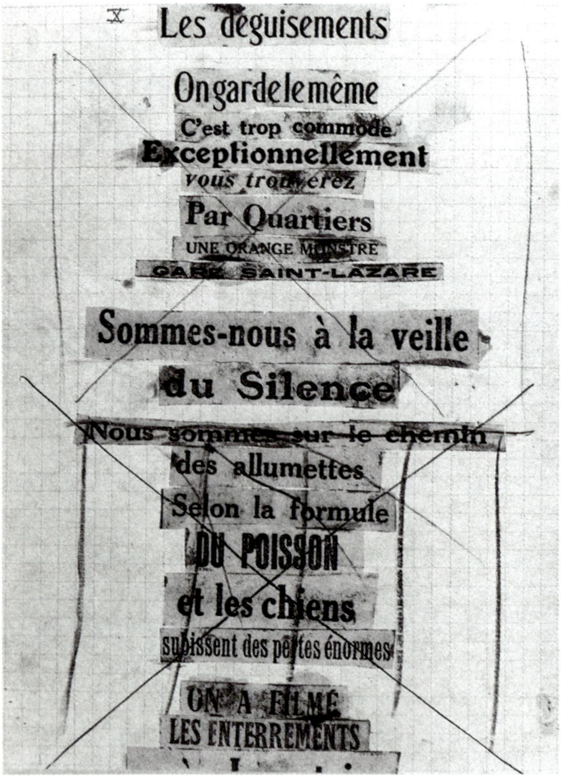

André Breton, *Sans titre*, vers 1924 (poème-assemblage).

Les délices de la fin de l'alphabet : x, y, z...

Les mathématiques ne seraient pas ce qu'elles sont sans les x, y, z qui parsèment tous les livres de mathématiques et il nous semble assez difficile de concevoir un texte mathématique sans ces expressions. Pourtant, l'habitude de représenter des «êtres mathématiques» par des lettres et surtout d'effectuer des calculs sur ces lettres est une idée qui ne fut généralisée qu'assez récemment.

C'est à François Viète (1540-1603), juriste et mathématicien français, que l'on doit l'introduction des notations symboliques, principe repris et développé par René Descartes qui généralisa l'usage de x, y, z pour désigner les quantités inconnues. Pour désigner des quantités connues, il préconisa l'usage de a, b et c.

Avant ce symbolisme, les mathématiciens arabes par exemple appelaient l'inconnue la «chose».

Quant aux symboles maintenant usuels tels que =, +, -, $\sqrt{\ }$, on les rencontre pour la première fois au XVIe siècle, et certains mirent longtemps à être acceptés.

L'écriture symbolique présente de nombreux avantages. Elle permet d'abord la concision, une communication qui ne dépend pas de la langue employée, favorisant également une reconnaissance de similitudes entre différents problèmes. Donc elle est plus qu'une simple notation. Ainsi, nous reconnaissons la forme d'une équation (son degré, les coefficients mis en jeu...) visuellement, de façon mécanique, sans avoir besoin de réfléchir. Sans l'emploi des notations, on aurait affaire à des formes bien plus complexes à démêler, et donc à traiter.

Qu'on pense par exemple à une équation telle que $x^3 + 6 = 20\ x$. Sans l'emploi des notations que nous utilisons, on devrait dire : «Trouver la chose dont le cube ajouté à 6 soit égal à 20 fois la chose elle-même...» Oh la la...

Cela n'efface pas hélas le sentiment de peur assez général provoqué par cette écriture.

Jacques Prévert, *Les Grands Cerveaux* (détail).

270 *Le savant Cosinus.*

Aussitôt se précipitant à son bureau il écrivit : « Madame, je suis assez bien de ma personne, et membre de plusieurs sociétés savantes. Je suis un mobile qui cherche à se fixer. Voulez-vous être le cercle dont je serai le centre, l'hyperbole dont je serai le foyer, le tétraèdre dont je serai le sommet, la strophoïde dont je serai l'asymptote? En un mot, voulez-vous de moi pour époux?

« Zéphyrin Brioché (étage au-dessus). R. S. V. P. »

Christophe, *L'Idée fixe du savant Cosinus.*

Dans la peau d'un élève

Et maintenant, mettez-vous dans la peau d'un jeune élève d'une classe de cinquième. On vous propose, dans un exercice, les deux expressions suivantes :

A = 2 (a + b)
B = 2a + 2b

On vous demande ensuite dans une première question de traduire ces expressions en n'utilisant que des mots. Cela donne :

A est le double de la somme de deux termes
B est la somme des doubles de deux termes.

Bien.

Ces deux expressions se disent donc différemment en mots.

Et maintenant on vous pose la question suivante : est-il vrai de dire que la somme des doubles est le double d'une somme?

La réponse à cette question est oui. Troublant, non?

Il se joue donc dans cet exercice banal bien plus qu'une simple question de vocabulaire. En effet, si le double d'une somme *est* la somme des doubles, pourquoi ferait-on la distinction entre 2 (a + b) et 2a + 2b? Des expressions mathématiques peuvent donc être de formes différentes et par ailleurs égales? Dans ce cas, pourquoi n'ont-elles pas la même forme? Et d'ailleurs, qu'est-ce que la forme d'une expression? Que signifie le signe =? Signifie-t-il la même chose que le verbe «être»?

On voit là à quel point un simple exercice de collège met en jeu une intrication complexe existant entre la forme symbolique, les mots mathématiques et les mots de la langue courante, et on voit pourquoi l'«erreur» éventuellement faite est riche de questionnements et de sens. On voit bien aussi comment ces questions, si elles ne peuvent jamais être exprimées, peuvent handicaper la compréhension d'un texte mathématique…

« Comment, pourquoi, Claude, qui à quelque âge que ce soit, parle, répond, discute, contredit, *vit* enfin, se trouve, « en mathématiques », ne plus *être* que cela : une mauvaise note, puis plusieurs, qui ont pour conséquence le désintérêt, l'angoisse, l'indifférence ou la peur, les réponses données en *automathe* ou le silence de *mort*? La mort annoncée de quelque chose qui, en ce lieu précis, est une intelligence qui s'est arrêtée de « fonctionner ».

Pourquoi une intelligence arrive-t-elle si « facilement » à être paralysée dans le lieu même d'un savoir qui, plus spécifiquement qu'ailleurs, devrait *théoriquement* permettre d'en rendre *compte*? Très simplement parce que le compte n'en est pas bon, et que la note n'évalue rien d'autre qu'un système qui ne sait pas ce qu'il note en notant ; qu'il se passe tout autre chose dans un cours de mathématiques qu'un échange entre un professeur qui enseigne et des élèves plus ou moins doués pour recevoir cet enseignement ; et qu'en particulier les réponses supposées absurdes, les erreurs jugées grossières, ne sont en aucun cas, *quand elles viennent de se produire*, le fait d'une intelligence qui serait déficiente en mathématiques, mais, curieusement, suffisante pour permettre à l'être incomplet qui en dispose de faire autre chose, par exemple des études littéraires ou techniques.

Et c'est, par mathématiques interposées, ce soupçon, cette ombre portée sur l'intelligence qui petit à petit l'obscurcit, la paralyse, parfois seulement en mathématiques, mais parfois dans toute la scolarité. »

STELLA BARUK

Transmission du savoir mathématique

On ne peut parler des mathématiques sans parler de l'échec en mathématiques. Échec souvent douloureux, affectant le sentiment que chaque sujet se fait de sa propre intelligence, de sa capacité à penser le monde. Il se trouve encore beaucoup d'individus pour s'exclamer : « Ah ! moi, vous savez, je ne suis pas logique, je n'ai jamais rien compris aux maths. » Comme si la capacité à faire des mathématiques était la garante d'une Logique dont nul d'ailleurs ne sait exactement ce qu'elle recouvre.

Or, les exemples abondent de « forts en maths » incapables d'exercer leur fameuse capacité logique à autre chose qu'un problème mathématique, et capables des plus graves erreurs dans la gestion d'une entreprise ou d'une situation politique, et aussi de personnes « nulles en maths » capables des raisonnements les plus subtils en d'autres domaines.

Cessons de mythifier la capacité à faire des mathématiques et posons-nous d'autres questions.

Par exemple, comment est-il possible que dans cette discipline qui, idéalement, devrait être le lieu même de la compréhension pure, délivrée des impératifs de la vraisemblance physique, pouvant se déployer au travers d'hypothèses, de questionnements, comment est-il possible donc que le résultat soit, selon l'expression de Stella Baruk, la production de tant d'« automathes » ? Entendez par ce néologisme ces élèves qui, même s'ils réussissent à peu près scolairement ne font en cours de maths qu'aligner des expressions qui n'ont pour eux pas grand sens...

Pourquoi l'activité mathématique n'est-elle pas pour la plupart des élèves un espace d'exercice de leur intelligence mais un lieu où règnent l'obscurité, l'incompréhension, l'absence de sens, la soumission et souvent, en prime, le sentiment d'être un idiot ?

Sophie Germain (1776-1831)

Fille d'un riche négociant en soieries, Sophie Germain découvrit les mathématiques à 13 ans et s'y adonna alors avec passion. Elle entretint une correspondance mathématique avec plusieurs grands mathématiciens (Lagrange, Gauss...) en se faisant passer pour un étudiant de l'École polytechnique.

En 1816, elle reçut le Grand Prix de l'académie des sciences de Paris pour ses travaux sur les vibrations. Amie de nombreux savants et écrivains, elle est aussi connue pour avoir demandé au général Pernety de protéger le mathématicien allemand Gauss lors de l'invasion de l'Allemagne par les troupes napoléoniennes. Ce qui fut fait, et lui valut la reconnaissance du savant pour qui elle n'était qu'un correspondant signant d'un pseudonyme masculin.

Sofia ou Sonia Vassilievna Kovalevskaia (1850-1891)

La vie de Sonia Kovalevskaia pourrait fournir matière à de nombreux romans. Née en Russie, elle fit à 17 ans un mariage blanc afin de pouvoir étudier dans une université. Élève du grand mathématicien allemand Weirstrass, elle eut, malgré une vie mouvementée et marquée par des interruptions de son activité scientifique, l'honneur de recevoir le Grand Prix de l'académie des sciences pour un mémoire d'analyse. Weirstrass la félicita en ces termes : « Des juges compétents ont maintenant prononcé leur verdict, que mon élève fidèle, mon "faible", n'est pas une frivole marionnette. »

Emily dite Emmy Noether (1882-1935)

Mathématicienne allemande, elle fut une des créatrices de l'algèbre moderne. Soutenue par le grand mathématicien David Hilbert, elle ne put cependant pas devenir enseignante en titre à l'université de Göttingen durant la Première Guerre mondiale. Un des professeurs le justifiait ainsi : « Que penseront nos soldats quand après la victoire ils reviendront à l'université et se trouveront aux pieds d'une femme? » Ce à quoi le grand Hilbert répliqua fort justement : « Je ne vois pas ce que le sexe de la candidate a à voir avec la question. Après tout nous ne sommes pas dans un établissement de bains. » Mais tout le crédit scientifique d'Hilbert fut impuissant et Emily Noether ne fut nommée professeur qu'en 1922, et encore, elle était professeur sans traitement! Elle quitta l'Allemagne au moment du nazisme et émigra aux États-Unis.

Mathématiciennes célèbres

Les jeunes filles qui s'engagent dans la voie des études de physique ou de chimie ont une chance que n'ont pas celles qui veulent devenir mathématiciennes : elles ont Marie Curie ! C'est-à-dire une image féminine, valorisante, popularisée, d'une grande physicienne créatrice, couronnée par deux fois d'un prix Nobel.

Les mathématiciennes n'ont pas encore cela. En revanche, il leur faut combattre un certain nombre de préjugés. On s'accorde en effet à penser qu'elles sont moins douées que les hommes pour l'abstraction, pour la vision dans l'espace, que sais-je... Affirmations que contredisent absolument les statistiques faites au niveau de l'enseignement secondaire, mais qui, tenaces, persuadent les jeunes filles que leur échec en mathématiques serait en quelque sorte plus acceptable que celui des garçons.

Il n'est donc pas inutile de rappeler qu'il existe des mathématiciennes, et qu'un certain nombre d'entre elles ont leur place dans l'histoire des mathématiques, en dépit des graves obstacles qu'elles rencontrèrent dans leur vie du fait de leur sexe. Quand je dis mathématiciennes, je ne veux pas dire seulement des professeurs émérites ou des assistantes dévouées à un grand homme (ce qui est tout à fait estimable), mais des mathématiciennes créatrices, celles qui ont inventé de nouveaux objets mathématiques ou démontré des théorèmes innovants.

La capacité à faire des mathématiques n'a pas grand-chose à voir, ni avec le sexe, ni avec l'origine géographique, mais les obstacles réels rencontrés par celui qui, désireux de faire des mathématiques, naît femme ou habite un pays du tiers monde expliquent que la majorité des mathématiciens soient des hommes issus de pays développés...

Au fait, savez-vous qu'en France environ 10 % des mathématiciens sont des mathématiciennes ?

Erich Wegner, *Comptoir d'une brasserie.*

Des **boîtes** de conserve à *La guerre des étoiles...*

Les mathématiques ont des inventions très subtiles et qui peuvent beaucoup servir, tant à contenter les curieux qu'à faciliter tous les arts et à diminuer le travail des hommes.

RENÉ DESCARTES

L'étude approfondie de la nature est la source la plus féconde des découvertes mathématiques.

JOSEPH FOURIER

Monsieur Fourier avait l'opinion que le but principal des mathématiques était l'utilité publique et l'explication des phénomènes naturels. Un philosophe tel que lui aurait dû savoir que le but unique de la Science, c'est l'honneur de l'esprit humain et que, sous ce titre, une question de nombres vaut bien une question du système du monde.

CARL JACOBI

La mathématique apparaît en somme comme un réservoir de formes abstraites – les structures mathématiques ; et il se trouve – sans qu'on sache bien pourquoi – que certains aspects de la réalité expérimentale viennent se mouler en certaines de ces formes, comme par une sorte de préadaptation. Il n'est pas niable, bien entendu, que la plupart de ces formes avaient à l'origine un contenu intuitif bien déterminé ; mais c'est précisément en les vidant volontairement de ce contenu qu'on a su leur donner toute l'efficacité qu'elles portaient en puissance, et qu'on les a rendues susceptibles de recevoir des interprétations nouvelles, et de remplir pleinement leur rôle élaborateur.

NICOLAS BOURBAKI

Erich Wegner, *Comptoir d'une brasserie* (détail).

Première approche

Face aux équations de toutes sortes, aux problèmes de géométrie à résoudre, plus d'un élève finit par poser la question : mais enfin, à quoi ça sert, tout ça?

À cette question, avançons plusieurs réponses.

Bien sûr, concédons que, dans la vie de tous les jours, effectivement, cela sert assez peu. Quelques savoir-faire essentiels suffisent à notre bonheur quotidien : savoir compter, se servir d'un pourcentage, d'une règle de trois, d'un peu de statistiques et d'une géométrie élémentaire. Et convenons que, hors la vie professionnelle (et encore...), savoir trouver l'équation d'une droite ou tracer le cercle inscrit dans un triangle sont de peu d'intérêt pratique.

Cela étant posé, poussons plus loin la réflexion.

Admettons que le même argument d'inutilité pourrait être porté à l'égard de bien d'autres disciplines : à quoi sert de connaître le processus de reproduction des plantes si on n'est pas agronome? Étrangement pourtant, la question est rarement posée en physique, en histoire ou en biologie, tant il semble évident à tout le monde que, étant nous-mêmes des êtres biologiques et héritiers d'une histoire, nous sommes partie prenante du monde physique, biologique, historique et donc censés nous y intéresser d'emblée.

Si la question se pose avec tant d'acuité en mathématiques, c'est d'abord parce que le monde n'est pas d'emblée mathématisé. Et sans doute aussi parce que cette question survient souvent quand le plaisir est absent de la pratique mathématique. Quel mélomane posera la question : à quoi sert la musique?

Mais l'analogie entre la musique et les mathématiques, on le sent bien, est un peu fausse, car il se trouve qu'en effet, oui, les mathématiques servent et sont même indispensables à toutes les sciences et technologies. Comment et en quoi? Quels sont les liens qu'entretiennent les mathématiques avec l'industrie, la physique, la biologie, l'informatique? Comment ces liens se construisent-ils?

« La philosophie est écrite dans cet immense livre qui se tient toujours ouvert devant nos yeux, je veux dire l'Univers, mais on ne peut le comprendre si on ne s'applique pas d'abord à en comprendre la langue et à connaître les caractères avec lesquels il est écrit. Il est écrit dans une langue mathématique et ses caractères sont des triangles, des cercles et autres figures géométriques, sans le moyen desquels il est humainement impossible d'en comprendre un mot. Sans eux, c'est une errance vaine dans un labyrinthe obscur. »

GALILÉE

« On a trop vite dit que la mathématique était un simple langage qui exprimait, à sa manière, des faits d'observation. Ce langage est, plus que tout autre, inséparable de la pensée. On ne peut *parler* les mathématiques sans les *comprendre* mathématiquement. »

GASTON BACHELARD

Ovide moralisé par Chrétien Legouais. La Création.

Les mathématiciens sont-ils les auxiliaires des physiciens ?

Au début de toutes les civilisations productrices de mathématiques, on trouve des préoccupations matérielles : compter, mesurer (la surface des champs cultivables par exemple), savoir faire des échanges de terrains lors d'héritages ou d'inondations, calculer des impôts, établir des calculs d'intérêts, un calendrier fiable, etc. Et même les Grecs qui récusaient le fait que les mathématiques aient pour seul but de résoudre des problèmes pratiques ne se privaient pourtant pas de les résoudre grâce à elles. On peut penser à tout ce qui relève des calculs de surfaces, de volumes, au théorème de Thalès qui permit de mesurer des grandeurs sans acrobaties (les pyramides par exemple), au théorème de Pythagore, etc.

Cependant, jusqu'au XVIIe siècle et à l'invention du calcul infinitésimal conjointement par Isaac Newton (1642-1727) et Gottfried Leibniz (1646-1716), les mathématiques ne sont pas encore devenues l'outil explicatif majeur du monde physique qu'elles deviendront. C'est ce moment historique précis qui signe l'instauration du lien vital qui relie la physique aux mathématiques.

En effet, soudain, les mathématiques ne sont plus seulement un outil quantitatif de mesure, mais les formules mathématiques fournissent un modèle d'explication des phénomènes physiques, mettent en relation des phénomènes qui semblaient *a priori* disparates. Grâce à l'expression mathématique de la vitesse, du mouvement, de l'accélération, c'est rien moins que les mouvements des planètes qui sont élucidés, leurs trajectoires calculables, c'est aussi les lois de la chute des corps enfin comprises.

Qu'on pense par exemple que Newton réussit à calculer la masse de la terre avec une bonne approximation, qu'au XVIIIe siècle on sut analyser la nature des vibrations du son, que Fourier décrivit les équations de la chaleur, que Laplace travailla sur la déformation des matériaux, etc. Et tout cela grâce aux concepts de dérivée, d'intégrale, bref ce qu'on appelle maintenant le calcul différentiel et qui commence au lycée avec l'enseignement de la notion de fonction, de dérivée, d'intégrale.

À la fin du XVIIe siècle, les progrès dans l'explication et la prévision des phénomènes naturels sont tels qu'ils font des formules mathématiques les outils indispensables de la physique. Et ce lien est si fort qu'il ne se démentira plus jamais. Il semble bien à ce moment de l'histoire qu'il suffise de mathématiser le monde, de trouver les bonnes équations et que des phénomènes, si longtemps incompréhensibles, seront élucidés.

Les boîtes de conserve, crayon en main

Une boîte de conserve, un avion, un disque compact, une machine à laver, un ordinateur, une bombe, un pont... Cet inventaire pourrait se poursuivre longtemps. Pour chacun de ces objets, les mathématiques jouent un rôle considérable. Mais, au fait, pourquoi une boîte de conserve?

Faites l'expérience suivante. Prenez une boîte de conserve cylindrique, notez sa contenance en litres, mesurez le rayon de sa base. Il y a de grandes chances que, pour une boîte de 0,85 litre de contenance (ce qui est une contenance assez courante), vous trouviez un rayon approximatif de 5 cm. Pourquoi?

Un **cylindre** de **rayon** r et de **hauteur** h se fabrique en enroulant un **rectangle** de dimensions h et 2π r.

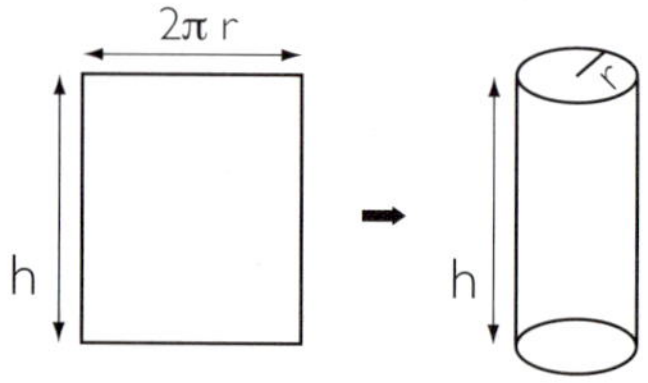

L'industriel qui fabrique la boîte de conserve aura donc besoin d'une plaque de métal rectangulaire d'aire $2\pi r \times h$, il ajoutera ensuite deux disques d'aire πr^2 pour fermer la boîte. Au total, il utilisera une **aire** de métal de $2\pi rh + 2\pi r^2$.

Mais comme il désire une contenance de 0,85 litres, il faut que le **volume** de la boîte, c'est à dire $\pi r^2 \times h$ soit égal à 0,85 (si on compte r et h en décimètres).

Il faut donc que $h = \dfrac{0{,}85}{\pi r^2}$.

La surface de métal utilisée sera donc au total $2\pi r \times \left(\dfrac{0{,}85}{\pi r^2}\right) + 2\pi r^2$

Soit : $\dfrac{2 \times 0{,}85}{r} + 2\pi r^2$

Soit : $\left(\dfrac{1{,}7}{r}\right) + 2\pi r^2 = \left(\dfrac{1{,}7 + 2\pi r^3}{r}\right)$, quantité qui ne dépend plus, écrite sous cette forme, que de la variable r.

Mais l'industriel souhaite que cette quantité soit le plus petite possible parce qu'il a le souci d'économiser du métal.

Il faut donc qu'il cherche le minimum de la **fonction** $f(r) = \left(\dfrac{1{,}7 + 2\pi r^3}{r}\right)$

C'est un problème qui se résout grâce au **calcul différentiel** (calcul de la **dérivée**, recherche des valeurs qui annulent cette dérivée, etc.).

En utilisant ces outils, on trouve que r doit être égal à $\sqrt[3]{\dfrac{1{,}7}{4\pi}}$

En prenant une valeur approchée : $r \simeq 0{,}5$ dm, c'est-à-dire à peu près 5 cm.

Récapitulons : pour résoudre ce problème, nous avons utilisé de la géométrie (définition d'un cylindre, de son volume...), de l'algèbre, et du calcul différentiel (étude de fonctions, dérivées, recherche d'un minimum...).

Imaginez ce qui se passe quand on construit un avion et vous aurez une petite idée des raisons pour lesquelles il vaut mieux faire une section scientifique si on veut devenir ingénieur...

Espace du lecteur

C'est comme une expédition qui doit contourner une chaîne de montagnes infranchissable. Au début, vous pouvez voir le sommet à conquérir. Mais il n'y a pas de moyen pour l'escalader. Alors l'expédition s'enfonce dans le désert, essayant de contourner la montagne afin d'éviter le sommet. Mais les techniques nécessaires pour survivre dans le désert ne sont pas les mêmes que celles qui vous aident à escalader les montagnes. Vous finissez donc par fabriquer des spécialistes en cactus, en serpents à sonnettes, en araignées et en écoulement de dunes dans le vent, des spécialistes qui en savent long sur le débordement des oueds, et plus personne ne se préoccupe de la neige, des cordes, des crampons ni des piolets. Alors quand un montagnard demande au « sablologue » pourquoi il étudie les dunes, et qu'il lui est répondu : « Pour contourner cette montagne », il n'en croit pas un mot. Et tout s'aggrave quand la réponse est : « Je me fiche comme d'une guigne des montagnes ; les dunes sont bien plus amusantes. »

Mais la montagne est toujours là, et le désert l'entoure toujours. Et si les « désertologues » font correctement leur travail, *même s'ils ont oublié la montagne*, la montagne un jour cessera d'être un obstacle.

IAN STEWART

N'empêche que quelque chose d'étrange subsiste dans toute l'affaire. Comment l'exprimerai-je ? Écoute-moi bien : au début de tout calcul de ce genre, on a des chiffres parfaitement solides qui peuvent symboliser des mètres, des poids ou ce que l'on voudra de concret. C'est de semblables chiffres que l'on retrouve à la fin de l'opération. Mais ces derniers chiffres sont reliés aux premiers par quelque chose qui *n'existe pas* ! Ne dirait-on pas un pont qui n'aurait que ses piles extrêmes et que l'on ne franchirait pas moins tranquillement que s'il était entier ? Pour moi, ce genre de calcul a quelque chose de vertigineux ; comme si, à un moment donné, il conduisait Dieu sait où. Mais le plus mystérieux à mes yeux, c'est encore la force cachée dans une telle opération et qui vous maintient d'une main si ferme que vous finissez quand même par aborder sur l'autre rive.

ROBERT MUSIL

Dessin de Marcel Gotlib,
dans *Rubrique-à-brac.*

La « déraisonnable efficacité des mathématiques »

Le physicien Eugene Wigner évoqua un jour la « déraisonnable efficacité des mathématiques ». Il voulait sans doute exprimer ainsi l'étonnement de celui qui constate qu'il existe des outils mathématiques créés hors de toute préoccupation utilitaire mais qui s'appliquent de façon très fructueuse à un phénomène physique.

Il en est ainsi des géométries non euclidiennes qui servirent à Einstein pour élaborer sa théorie de la relativité, des nombres complexes très utiles en électricité, de la théorie des groupes...

Il est courant que les mathématiciens mettent au point des théories sans aucun intérêt autre que mathématique et que ces théories trouvent leur application bien longtemps après. Juger *a priori* de l'utilité d'une théorie mathématique est donc assez illusoire.

Mais il n'est pas niable non plus que les mathématiciens tirent une grande part de leur inspiration de problèmes posés par d'autres sciences, d'une façon consciente ou non ; on peut ainsi difficilement dissocier le concept (mathématique) de dérivée de celui de vitesse (physique).

Entre les problématiques de la physique et celles des mathématiques, les liens sont multiples, complexes et féconds ; ils ne font pas de la physique un simple terrain d'applications des mathématiques ni des mathématiques un simple langage de la physique. Voilà deux sciences qui entretiennent des rapports étroits, parfois conflictuels, toujours passionnants...

Vue satellite de la côte bretonne.

Les fractales

Il ne faut pas croire pour autant que la « déraisonnable efficacité des mathématiques » soit si grande... De nombreux problèmes, physiques, biologiques, économiques, n'ont pas trouvé les réponses mathématiques qui leur conviendraient. Peut-être ne sont-elles d'ailleurs pas encore inventées... On peut noter cependant depuis une quarantaine d'années l'émergence d'un nouveau courant de pensée qui envahit beaucoup de domaines, et qui s'est baptisé théorie du chaos.

Ce mouvement, né dans les années 1960 aux États-Unis, tente de comprendre les nombreux phénomènes naturels aussi bien qu'économiques qui, bien que motivés par des causes connues, se comportent de façon apparemment imprévisible. Il en est ainsi par exemple des cours de la Bourse, de nombreux phénomènes météorologiques, des crises d'épilepsie, des turbulences dans les fluides...

À quoi tient l'imprévisibilité de ces phénomènes? C'est qu'ils sont très sensibles aux conditions initiales : deux situations de départ voisines peuvent conduire à des situations très différentes à l'arrivée. C'est ce qui a été popularisé sous le nom d'effet papillon : un battement d'ailes de papillon aux Philippines peut provoquer un cyclone à New York. Une toute petite cause peut avoir un grand effet. Un phénomène tel qu'un cyclone est régi par une multitude de causes et une fausse mesure sur un des paramètres (événement inévitable) peut se transformer en une grande erreur de prévision. Pour penser ce type de phénomène, de nouveaux concepts ont été inventés, dont la théorie des fractales en mathématiques. Le mathématicien Benoît Mandelbrot en fut l'initiateur.

Voici comment il explique ses débuts dans ce domaine :

« La littérature des sciences – sans même s'en excuser – ne comportait pas de réponse utile à des questions pourtant incontournables dont voici des exemples.

Comment mesurer la volatilité des chroniques boursières, ne serait-ce que pour pouvoir évaluer les risques financiers de façon réaliste?

Combien mesure la côte de la Bretagne?

Comment peut-on caractériser la forme d'une côte, d'une rivière, d'une ligne de partage des eaux [...]?

Comment peut-on mesurer et comparer les rugosités d'objets communs, tels qu'une pierre cassée, un talus, une montagne ou un bout de fer rouillé?

Quelle est la forme d'un nuage, d'une flamme ou d'une soudure?

Quelle est la densité des galaxies dans l'Univers? »

BENOÎT MANDELBROT

La côte de la Bretagne, crayon en main

Pour aborder la théorie des fractales, on peut reprendre la question apparemment si simple de Mandelbrot : « Combien mesure la côte de la Bretagne ? »

Mandelbrot part de la constatation suivante : la côte de la Bretagne est constituée de baies, d'anfractuosités, qui elles-mêmes à nouveau recèlent d'autres anfractuosités, etc. Elle possède comme beaucoup d'objets naturels la propriété d'**invariance d'échelle**, c'est-à-dire que si on nous donne un agrandissement d'une toute petite partie de cette côte, nous obtenons une image très proche de l'ensemble de la côte. C'est le cas de beaucoup d'objets dans la nature : un plant de fougère est formé de plus petites fougères qui elles-mêmes sont constituées d'encore plus petites fougères, etc. Regardez bien un chou-fleur, il est formé de petits choux-fleurs en tous points semblables au chou-fleur initial. Et si on examine les chroniques boursières sur une longue période, on obtient des graphiques qui présentent la même propriété...

Pendant longtemps, la géométrie classique, pour comprendre ces formes, a tenté de les réduire à des formes géométriques simples (polygones, cercles, cônes, triangles...) en négligeant leur forme globale. La théorie des fractales est une tentative nouvelle (bien que les idées qu'elle exploite aient été énoncées depuis de nombreux siècles) pour décrire ces objets.

Construisons un objet fractal à partir d'un triangle équilatéral de côté 1.

Puis, sur le tiers central de chacun des trois côtés, on ajoute un nouveau triangle équilatéral. On obtient une étoile de David :

Sur chacun des six triangles équilatéraux ainsi apparus, on réitère le procédé, et ainsi de suite, à l'infini...

Cette courbe s'appelle courbe de Von Koch ou encore courbe en flocon de neige.
Elle possède quelques propriétés géométriques étonnantes.

Son périmètre peut être rendu aussi grand qu'on veut, mais sa surface, elle, ne déborde pas le cercle circonscrit au triangle.

Elle est fragmentée, et d'une certaine façon régulière dans son irrégularité...

Pour caractériser de tels objets géométriques, les mathématiciens ont introduit un nouveau nombre, appelé **dimension fractale**. Nous avons coutume de dire qu'une ligne est de dimension 1, une surface de dimension 2, un volume de dimension 3, etc.

La notion de dimension fractale élargit ce concept.

«Nombre qui quantifie le degré d'irrégularité et de fragmentation d'un ensemble géométrique ou d'un objet naturel, et qui se réduit, dans le cas des objets de la géométrie usuelle d'Euclide, à leurs dimensions usuelles.»

BENOÎT MANDELBROT

Nous ne pouvons donner ici les détails techniques de la définition de la dimension fractale d'un objet géométrique, mais sachez que, par exemple, suivant cette définition, la dimension fractale d'une côte est comprise entre 1,15 et 1,25, la courbe en flocon de neige ci-dessus a une dimension fractale de 1,26.

Affiche de *La Guerre des étoiles*, film de George Lucas, 1977.

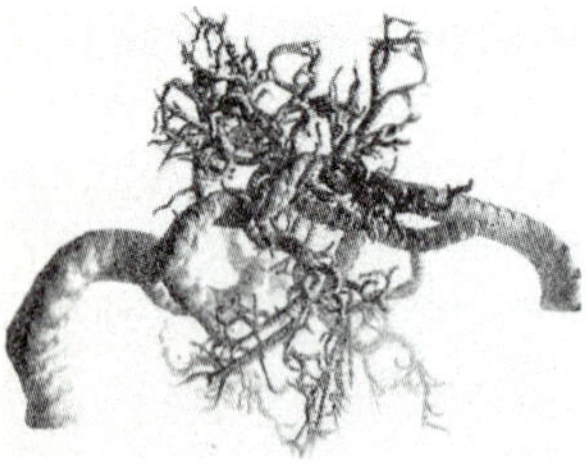

The Kiss.

Contrefaçon fractale d'un arbre.

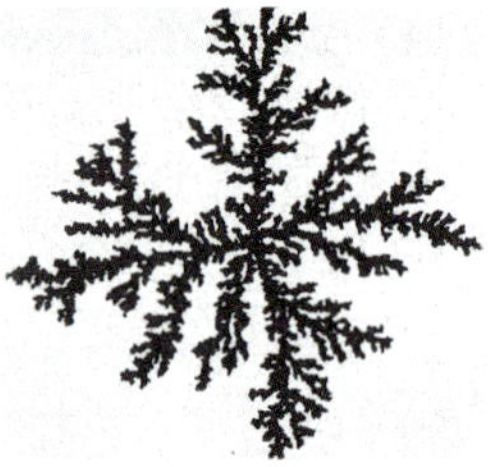

Amas de particules par ALD dont la croissance a été calculée sur ordinateur.

Formes naturelles et formes fractales

Contrairement aux apparences, les formes ci-contre sont très faciles à produire sur ordinateur; il suffit de quelques lignes de programme. En effet, comme toutes les formes fractales, leur construction repose essentiellement sur la répétition de mêmes motifs à des échelles différentes. De plus, il est frappant de voir que ces formes ressemblent étonnamment à des formes que l'on trouve dans la nature.

Voilà une des raisons pour lesquelles la géométrie des fractales intéresse tant les biologistes qui jusqu'alors n'avaient guère trouvé en mathématiques de géométrie vraiment adaptée aux objets qu'ils étudient. Le corps humain fonctionne un peu comme un ordinateur qui dessine une fractale, en utilisant peu d'informations au départ, puis en effectuant toute une série de répétitions qui conduisent à une construction très complexe. De même que les ramifications des vaisseaux sanguins, la surface des poumons obéit à la géométrie fractale. Bien que pour le moment peu de résultats pratiques aient été établis, il se dessine là une nouvelle voie de recherche en médecine, en biologie...

Le lien entre les formes naturelles et les formes fractales est d'ailleurs si grand que le meilleur moyen actuellement de produire sur ordinateur (donc en donnant une suite d'instructions précises et codées) des images convaincantes de planètes, de nuages ou d'arbres est d'utiliser les fractales. C'est ce que font les producteurs de films de science-fiction comme *La Guerre des étoiles*.

Ce qui montre que, décidément, les mathématiques mènent à tout...

Index des principaux auteurs cités

Omar Khayyam
(né et mort à Nichapour, 1050-1123)
page 23 *Les Rubaïyat*, Liber, trad. Armand Robin, 1995.

Michèle Le Dœuff
(XXe siècle)
page 48 *Le Sexe du savoir*, Flammarion, coll. « Champs », 1998.

Benoît Mandelbrot
(né à Varsovie en 1924)
page 91 *Fractales, hasard et finance* (1959), Flammarion, coll. « Champs », 1997. **page 93** *Les Objets fractals : forme, hasard et dimension*, Flammarion, coll. « Champs », 1995.

Richard Matheson
(né à Allendale, New Jersey, en 1926)
page 30 *L'Homme qui rétrécit* (1956), traduit de l'américain par J. Chambers et C. Elsen, Denoël, coll. « Présence du futur », 1999.

Henri Michaux
(né à Namur en 1899, mort à Paris en 1984)
page 32 *L'Infini turbulent* (1957), Gallimard, coll. « Poésie », 1994.

Robert Musil
(né à Klagenfurt en 1880, mort à Genève en 1942)
pages 28 et 88 *Les Désarrois de l'élève Törless* (1906), Seuil, coll. « Points ». **page 56** *L'Homme sans qualités*, Seuil, coll. « Points Roman », 1995.

Blaise Pascal
(né à Clermont-Ferrand en 1623, mort à Paris en 1662)
page 29 *Œuvres complètes*, vol. 2, Gallimard, coll. « Bibliothèque de la Pléiade », 2000. **page 42** *Adresse à l'académie parisienne, Œuvres complètes*, vol. 2, Gallimard, coll. « Bibliothèque de la Pléiade », 2000.

Platon
(né à Athènes vers 428 avant l'ère chrétienne, mort à Athènes vers 348)
page 16 *Ménon*, traduction de M. Canto-Sperber, Flammarion, coll. « GF », 1991.

Raymond Queneau
(né au Havre en 1903, mort à Neuilly-sur-Seine en 1976)
page 60 *Odile* (1937), Gallimard, coll. « L'imaginaire », 1992.

José Rose
(XXe siècle)
page 54 *Le Hasard au quotidien : coïncidences, jeux de hasard, sondages*, Seuil, coll. « Points Sciences », 1993.

Jacques Roubaud
(né à Caluire en 1932)
page 12 *Le Grand Incendie de Londres*, Seuil, coll. « Fiction & Cie », 1989. **page 66** *Mathématique*, Seuil, coll. « Fiction & Cie », 1997.

Michel Serres
(né à Agen en 1930)
pages 14 et 42 *Hermès*, vol. 3 : *La Traduction*, Éditions de Minuit, coll. « Critique », 1974. **page 20** *Les Origines de la géométrie : tiers livres des fondations*, Flammarion, coll. « Champs », 1995.

William Shakespeare
(né et mort à Stratford-on-Avon, 1564-1616)
pages 44 *Henry iv*, 2, Acte I, sc. 2 *in Œuvres complètes I*, Gallimard, coll. « Bibliothèque de la Pléiade », 1959.

Ian Stewart
(XXe siècle)
page 88 *Les Mathématiques*, traduit de l'anglais par F. Gallet, Pour la science, coll. « Sentier d'avenir », 1989.

Jean Tardieu
(né à Saint-Germain-de-Joux en 1903, mort à Gerberoy en 1995)
page 8 *Obscurité du jour*, Éditions Albert Skira, coll. « Les sentiers de la création », 1974.

Voltaire
(né et mort à Paris, 1694-1778)
page 44 extrait de *Carnets, in Inventaire Voltaire*, Gallimard, coll. « Quarto », 1995.

Bibliographie

Œuvres littéraires

Max Frisch
Homo Faber, Gallimard, coll. « Du monde entier », 1961.

Armand Gatti
Incertitudes de Werner Heisenberg : Feuilles de brouillon pour recueillir les larmes des cathédrales dans la tempête et dire Jean Cavaillès sur une aire de jeu, Les éditions Metropolis, 1999.

Robert Musil
Les Désarrois de l'élève Törless, Seuil, coll. « Points », 1906 ; *L'Homme sans qualités*, Seuil, coll. « Points Roman », 1995.

Jacques Roubaud
Mathématique, Seuil, coll. « Fiction & Cie », 1997 ; *L'Abominable tisonnier de John McTaggart Ellis McTaggart et autres vies plus ou moins brèves*, Seuil, coll. « Fiction & Cie », 1997.

Sur les mathématiques en général

Stella Baruk
L'Âge du capitaine : de l'erreur en mathématiques, Seuil, coll. « Points Sciences », 1992 ; *Dictionnaire de mathématiques*, Seuil, coll. « Science ouverte », 1995.

Alain Connes et Jean-Pierre Changeux
Matière à pensée (1989), Odile Jacob, coll. « Points Odile Jacob », 1992.

Jaqueline Détraz
Kovalevskaïa, l'aventure d'une mathématicienne, Belin, coll. « Un savant, une époque », 1993.

Denis Guedj
La gratuité ne vaut plus rien, Seuil, coll. « Science ouverte », 1997 ; *L'Empire des nombres*, Gallimard, coll. « Découvertes science », n° 300, 1997.

Godfrey Harold Hardy
L'Apologie d'un mathématicien, Belin, coll. « Un savant, une époque », 1985.

Peter Rozsa
Jeux avec l'infini : voyage à travers les mathématiques, traduit du hongrois par G. Kassaï, Seuil, coll. « Points Sciences », 1977.

Ian Stewart
Les Mathématiques, traduit de l'anglais par F. Gallet, Pour la science, coll. « Sciences d'avenir », 1989.

SUR LE HASARD, LES PROBABILITÉS

Ivar Ekeland
Au hasard : la chance, la science et le monde, Seuil, coll. « Points Sciences », 2000.

José Rose
Le Hasard au quotidien : coïncidences, jeux de hasard, sondages, Seuil, coll. « Points Sciences », 1993.

SUR LA THÉORIE DU CHAOS

James Gleick
La Théorie du chaos : vers une nouvelle science, traduit de l'anglais par Christian Jeanmougin, Flammarion, coll. « Champs », 1991.

Ian Stewart
Dieu joue-t-il aux dés ? Les mathématiques du chaos, Flammarion, coll. « Champs », 1998.

Table des illustrations

Table des matières

Cet ouvrage a été composé
et mis en pages par In Folio à Paris IIIe,
achevé d'imprimer
sur les presses de l'imprimerie Pollina
en juin 2000.
Imprimé en France.

Dépôt légal : juin 2000
N° d'imprimeur : 80652
N° d'éditeur : 95118
ISBN 2-07-041379-9